Forschungsberichte iwb

Band 112

Berichte aus dem
Institut für Werkzeugmaschinen
und Betriebswissenschaften
der Technischen Universität
München

Herausgeber:
Prof. Dr.-Ing. G. Reinhart
Prof. Dr.-Ing. J. Milberg

Springer-Verlag Berlin Heidelberg GmbH

Manuel Geyer

Flexibles Planungssystem zur Berücksichtigung ergonomischer Aspekte bei der Produkt- und Arbeitssystemgestaltung

Mit 85 Abbildungen

Springer

Dr.-Ing. Manuel Geyer
Institut für Werkzeugmaschinen und Betriebswissenschaften (iwb), München

Univ.-Prof. Dr.-Ing. G. Reinhart
o. Professor an der Technischen Universität München
Institut für Werkzeugmaschinen und Betriebswissenschaften (iwb), München

Univ.-Prof. Dr.-Ing. J. Milberg
o. Professor an der Technischen Universität München
Institut für Werkzeugmaschinen und Betriebswissenschaften (iwb), München

D91

ISBN 978-3-540-64195-7 ISBN 978-3-662-07254-7 (eBook)
DOI 10.1007/978-3-662-07254-7

Ursprünglich erschienen bei Springer-Verlag Berlin Heidelberg New York 1997.

SPIN: 10672435 62/3020-543210

Geleitwort der Herausgeber

Die Produktionstechnik ist für die Weiterentwicklung unserer Industriegesellschaft von zentraler Bedeutung. Denn die Leistungsfähigkeit eines Industriebetriebes hängt entscheidend von den eingesetzten Produktionsmitteln, den angewandten Produktionsverfahren und der eingeführten Produktionsorganisation ab. Erst das optimale Zusammenspiel von Mensch, Organisation und Technik erlaubt es, alle Potentiale für den Unternehmenserfolg auszuschöpfen.

Um in dem Spannungsfeld Komplexität, Kosten, Zeit und Qualität bestehen zu können, müssen Produktionsstrukturen ständig neu überdacht und weiterentwickelt werden. Dabei ist es notwendig, die Komplexität von Produkten, Produktionsabläufen und -systemen einerseits zu verringern und andererseits besser zu beherrschen.

Ziel der Forschungsarbeiten des *iwb* ist die ständige Verbesserung von Produktentwicklungs- und Planungssystemen, von Herstellverfahren und Produktionsanlagen. Betriebsorganisation, Produktions- und Arbeitsstrukturen sowie Systeme zur Auftragsabwicklung werden unter besonderer Berücksichtigung mitarbeiterorientierter Anforderungen entwickelt. Die dabei notwendige Steigerung des Automatisierungsgrades darf jedoch nicht zu einer Verfestigung arbeitsteiliger Strukturen führen. Fragen der optimalen Einbindung des Menschen in den Produktentstehungsprozeß spielen deshalb eine sehr wichtige Rolle.

Die im Rahmen dieser Buchreihe erscheinenden Bände stammen thematisch aus den Forschungsbereichen des *iwb*. Diese reichen von der Produktentwicklung über die Planung von Produktionssystemen hin zu den Bereichen Fertigung und Montage. Steuerung und Betrieb von Produktionssystemen, Qualitätssicherung, Verfügbarkeit und Autonomie sind Querschnittsthemen hierfür. In den *iwb*-Forschungsberichten werden neue Ergebnisse und Erkenntnisse aus der praxisnahen Forschung des *iwb* veröffentlicht. Diese Buchreihe soll dazu beitragen, den Wissenstransfer zwischen dem Hochschulbereich und dem Anwender in der Praxis zu verbessern.

Joachim Milberg *Gunther Reinhart*

Vorwort

Die vorliegende Dissertation entstand neben meiner Tätigkeit in den Firmen Institut für Produktionstechnik GmbH (ifp) und AnySIM Simulationssysteme GmbH.

Besonders danken möchte ich Herrn Professor Dr.-Ing. J. Milberg, dem Leiter des Lehrstuhls für Betriebswissenschaften und Montagetechnik an der Technischen Universität München für die wohlwollende Unterstützung und großzügige Förderung, die entscheidend zur erfolgreichen Durchführung dieser Arbeit beigetragen hat.

Dieser Dank gilt auch Herrn Dr.-Ing. G. Reinhart, dem Leiter des Lehrstuhls für Werkzeugmaschinen und Fertigungstechnik für seine Unterstützung und die Übernahme des Vorsitzes der Prüfungskommission.

Herrn Professor Dr.-Ing. H. Bubb, dem Leiter des Lehrstuhls für Ergonomie an der Technischen Universität München, danke ich für die Übernahme des Korreferates und die kritische Durchsicht der Arbeit.

Mein Dank gilt weiter Herrn Professor Dr.-Ing. Christoph Maier, dem Geschäftsführer des Instituts für Produktionstechnik und insbesondere Herrn Dr.-Ing. Stefan Linner, dem Geschäftsführer der Firma AnySIM Simulationssysteme für die stete Unterstützung und berufliche Förderung sowie die langjährige gute Zusammenarbeit.

Darüberhinaus möchte ich allen Mitarbeiterinnen und Mitarbeitern und allen Studenten, die mich bei der Erstellung meiner Arbeit unterstützt haben, recht herzlich danken.

München, im Juni 1997 *Manuel Geyer*

Inhaltsverzeichnis

Verwendete Formelzeichen

Zeichen	**Bedeutung**
X	Körpermaß
p	Perzentilwert
α, δ	Winkel (Denavit-Hartenberg-Parameter)
h, l	Länge (Denavit-Hartenberg-Parameter)
r, φ, z	Zylinderkoordinaten
ϕ_{max}, θ_{max}	Gelenkgrenzwinkel
a, b	Halbachsen einer Ellipse
F	Oberflächeninhalt eines Körpers
R	Kugelradius
m	Masse
v	Geschwindigkeit

1 Einführung

1.1 Ausgangssituation

„Arbeit macht das Leben süß" - diese Aussage trifft nicht für jeden Arbeitsplatz zu. Dem Menschen nicht gerechte Gestaltung von Arbeitssystemen führt zu krankheitsbedingtem Ausfall und erhöhten direkten Kosten sowie Lohnnebenkosten für die Unternehmen. Durch die verschärfte internationale Wettbewerbssituation herrscht in nahezu allen Wirtschaftszweigen, insbesondere der Fertigungs- und Maschinenbauindustrie, ein hoher Kostendruck *(Milberg 1994, Pischetsrieder 1994)*. Die menschgerechte Gestaltung wird daher bei der Auslegung von Produkten, die am Markt verkauft werden, sowie von Arbeitsplätzen innerhalb eines Unternehmens immer wichtiger *(Reinhart 1994)* (Bild 1-1).

Der Faktor Zeit ist ebenfalls von wesentlicher Bedeutung für den Unternehmenserfolg. Die schnelle Produktentwicklung vom Produktentwurf bis zur Markteinführung ist notwendig, um Wettbewerbsvorteile auszunutzen, schnell auf Marktentwicklungen zu reagieren und kurzfristig auf die Wünsche des Kunden einzugehen *(Milberg 1991)*. Laut *Spur (1991)* und *Flaig & Thrainsson (1995)* führt eine um 6 Monate verlängerte Entwicklungszeit zu einer Gewinnminderung um ca. 30 Prozent.

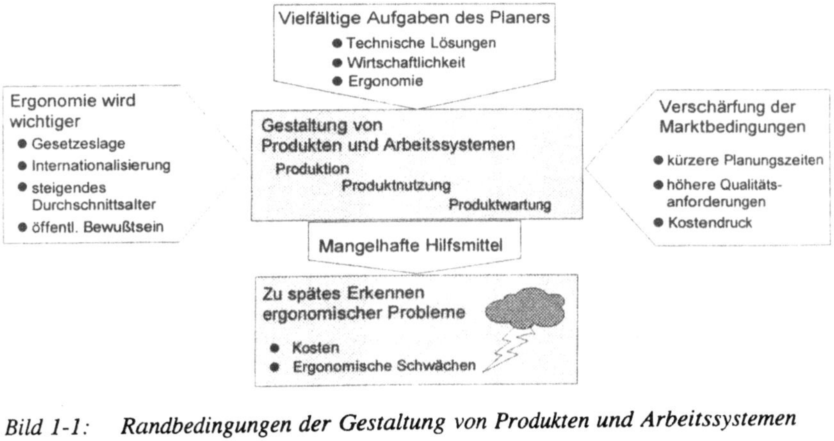

Bild 1-1: Randbedingungen der Gestaltung von Produkten und Arbeitssystemen

Planer müssen bei der Auslegung eines Produktes bzw. eines Arbeitssystems neben der menschgerechten Gestaltung auf die technische Machbarkeit, die kostengünstige Herstellung und andere Kriterien achten, sich aber gleichzeitig den immer kürzeren Innovationszyklen anpassen. Weil Zeitdruck herrscht und technische Fragen gegenüber ergonomischen immer noch Vorrang besitzen *(Bubb & Bubb 1996)*, aber auch wegen fehlender Hilfsmittel zur frühzeitigen Berücksichtigung ergonomischer Aspekte werden Mängel häufig erst zu spät erkannt. Dies verursacht Kosten und bewirkt mangelhafte ergonomische Qualität von Produkten und Arbeitssystemen.

1.2 Zunehmende Bedeutung der Ergonomie

Durch die zunehmenden internationalen wirtschaftlichen Verflechtungen können die hergestellten Produkte in den verschiedensten Regionen der Welt zum Einsatz kommen. Personen wiederum wandern verstärkt aus anderen Regionen zu. Die Weltbevölkerung weist eine große Variationsbreite von Körpermaßen (Bild 1-2) und Proportionen auf (*Jürgens et al. 1989*). Es ist daher häufig nicht mehr ausreichend, Produkte oder Arbeitssysteme mit Beschränkung auf eine Region der Welt zu gestalten.

Aufgrund der steigenden Lebenserwartung und der sinkenden Geburtenraten wird sich das Durchschnittsalter der Gesamtbevölkerung in den industrialisierten Ländern weiter erhöhen *(Takkala 1993)*. Durch die zukünftige demographische Struktur werden aus heutiger Sicht sowohl die Nutzer von Produkten als auch die Arbeitnehmer in der Produktion im Durchschnitt älter sein. Ältere Personen sind im Mittel krank-

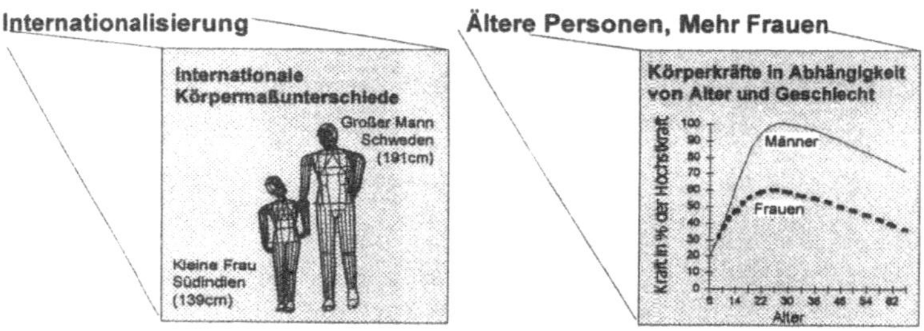

Bild 1-2: Steigende Bedeutung ergonomischer Qualität durch veränderte Benutzergruppe (Quellen: Jürgens et al. 1989, Schmidtke 1993)

heitsanfälliger, weniger belastbar und besitzen wegen des säkularen Akzelerationstrends, der generationsspezifischen Unterschiede des Größenwachstums, geringere Körpermaße *(Schmidtke 1993, Jäger & Luttmann 1991)*. Auch Beweglichkeit und funktionale Fähigkeiten nehmen mit zunehmendem Alter ab (Bild 1-2) *(Pheasant 1986)*.

Neben der Globalisierung und der demographischen Struktur ist von Bedeutung auch die zunehmende Frauenerwerbstätigkeit in nichttraditionellen Arbeitsfeldern mit physisch anstrengenden Tätigkeiten. Die isometrischen Maximalkräfte von Frauen liegen je nach Kraftaufbringungsfall bei 30-70% der Kräfte von Männern (*Rühmann 1991, Rühmann & Schmidtke 1992*) (Bild 1-2).

Das Bewußtsein der Öffentlichkeit in bezug auf die ergonomische Gestaltung von Produkten ist in den letzten Jahren gestiegen (*Fox 1995*) (Bild 1-3). Beispiele zeigen, daß die ergonomische Produktgestaltung beim Kauf eines Produktes immer wichtiger wird und damit eine Möglichkeit darstellt, Wettbewerbsvorteile zu schaffen (*Eklund 1993, Kern & Schildhelm 1995*): Ein wichtiger Aspekt der Produktvermarktung ist daher die ergonomische Qualität. Auch in anderen Kontinenten, in Entwicklungs- und Schwellenländern nimmt das Bewußtsein für Ergonomie zu *(Takkala 1993)*.

Das wachsende Bewußtsein für Ergonomie zeigt sich in der international zunehmenden Regulierung durch Gesetze, Verordnungen und Richtlinien. So werden als Konsequenz aus verschiedenen EG-Richtlinien in Deutschland neue Gesetze zu Sicherheit und Gesundheitsschutz am Arbeitsplatz vorbereitet (*Bienek & Rückert 1994*). Zwischen 1990 und 1994 hat sich die Anzahl der ergonomischen Normen verdop-

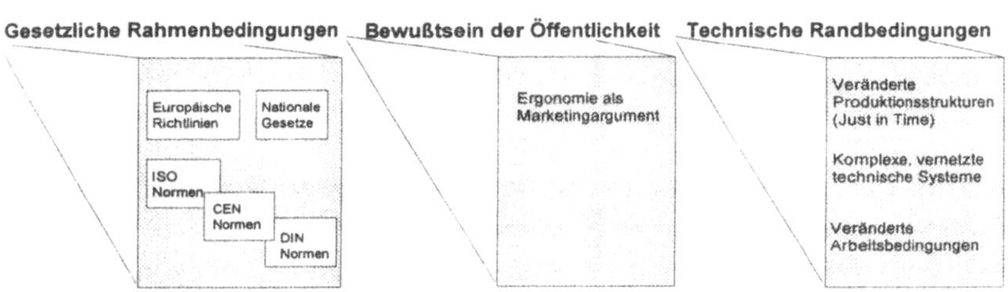

Bild 1-3: Steigende Bedeutung ergonomischer Qualität durch Veränderung der allgemeinen Rahmenbedingungen

pelt. Auf drei Ebenen sind weitere Normierungen zur Ergonomie geplant, die Firmen in Deutschland unmittelbar betreffen: Auf nationaler Ebene (DIN), auf europäischer (CEN) und auf internationaler Ebene (ISO) *(Dul et al. 1994)*. Während die ISO-Standards freiwillig sind, sind einige der CEN-Normen mit Rechtsnormen verknüpft und damit verpflichtend. Von der europäischen Standardisierungsorganisation CEN und der ISO sind bisher 28 Normen zur Ergonomie veröffentlicht worden, weitere 69 Normen sind in Vorbereitung, die innerhalb der nächsten 2-3 Jahren als Normierungsentwurf veröffentlicht werden sollen *(Dul et al. 1996)*.

Insbesondere die geplanten Normen zum Handhaben von Lasten werden weitreichende Folgen für die Industrie haben *(Rühmann & Schmidtke 1992)*. In speziellen Produktbereichen, Industriezweigen und in vielen großen Firmen existieren zusätzliche Vorschriften (*Dul et al. 1996*). Auch die Integration von Menschen mit Behinderungen und die Rehabilitation von Leistungsgeminderten ist ein Thema, dessen Bedeutung immer mehr erkannt wird.

Neue Technologien und veränderte Produktionsstrukturen stellen erhöhte Anforderungen an die ergonomische Qualität von Arbeitssystemen. Die zunehmende Mechanisierung und Verbreitung von angetriebenen Werkzeugen zwingt den Werker häufig dazu, Kräfte in definierter Körperhaltung mit speziellen Muskelgruppen aufzubringen. Die Verbreitung von Rechneranwendungen führt zu einer Vielzahl von Bildschirmarbeitsplätzen, d.h. Arbeitsplätzen, bei denen zur Erfüllung der Arbeitsaufgabe ein EDV-System erforderlich ist, mit jeweils besonderen Anforderungen an die ergonomische Gestaltung (*Richenhagen 1995*). Da technische Systeme immer komplexer und stärker vernetzt werden, wird die problemlose Wartbarkeit und die schnelle Fehlerbeseitigung bei der Instandsetzung immer wichtiger. An die Verfügbarkeit der Produktionssysteme, auch manueller Arbeitssysteme, werden bei neuen Konzepten in der Produktionstechnik (z.B. "Just in time", *Wildemann 1991)* immer höhere Anforderungen gestellt.

Die Anstrengungen, die Fertigungsqualität zu erhöhen, führen zu erhöhten Anforderungen an gut gestaltete Arbeitsplätze. Durch die zunehmend dezentralisiertere Produktionsorganisation in Firmen (z.B. Gruppenarbeit, *Hechl 1995*) steigt der Einfluß der direkten Anwender, wodurch ergonomische Aspekte mehr in den Vordergrund rücken *(Eklund 1993)*.

1.3 Zielsetzung und Vorgehensweise

Weil die Berücksichtigung von Ergonomie immer wichtiger wird, soll eine Möglichkeit entwickelt werden, die ergonomische Qualität von Produkten und Arbeitssystemen zu erhöhen. Der Konstrukteur und Planer soll bei seiner Planungsaufgabe unterstützt werden. Weil der Faktor Zeit in der Produkt- und Arbeitssystementwicklung eine entscheidende Rolle einnimmt, sollen Möglichkeiten entwickelt werden, ergonomische Probleme früh zu erkennen. Die Anwendung des ergonomischen Wissens soll integriert im Entwicklungsablauf mit wenig Aufwand erfolgen, da sonst für die Anwendung in der Praxis kaum eine Chance besteht.

Zunächst wird in Kapitel 2 die Situation der Ergonomie bei der Arbeitssystem- und Produktgestaltung analysiert und es werden Schwachstellen im Entwicklungsprozeß herausgearbeitet. In Kapitel 3 wird aufbauend auf der Analyse ein Konzept für ein flexibel anpaßbares Planungssystem zur Berücksichtigung von Ergonomie im Entwicklungsprozeß erarbeitet. In Kapitel 4, 5 und 6 werden die Teilmodule des Systems konzipiert. Kapitel 7 zeigt anhand eines Praxisbeispiels die Anwendung des Systems. In Kapitel 8 werden die Ergebnisse der Arbeit zusammengefaßt.

2 Situationsanalyse der Ergonomie in der Produkt- und Arbeitssystemgestaltung

2.1 Ergonomische Grundlagen und Begriffsdefinition

2.1.1 Allgemeine Definitionen zur Ergonomie

Die Ergonomie befaßt sich mit der Erforschung von Gesetzmäßigkeiten von Mensch und Arbeit, wobei Erkenntnisse und methodische Ansätze verschiedener Wissenschaftsgebiete herangezogen werden. Die praktische Aufgabe der Ergonomie ist die Gestaltung menschlicher Arbeit nach diesen Gesetzmäßigkeiten. Zur Beurteilung von Arbeitsgestaltungsmaßnahmen können die Bewertungsebenen Ausführbarkeit, Erträglichkeit, Zumutbarkeit und Zufriedenheit (*HdE 1989, Schmidtke 1993*) herangezogen werden. Das Kriterium Erträglichkeit stellt sicher, daß die Arbeit auch langfristig nicht zu Schädigungen führt. Durch die Ergonomie werden im Sinne dieses Bewertungsschemas vor allem die Kriterien Ausführbarkeit und Erträglichkeit untersucht und festgesetzt. Als Arbeitsplatz wird nach *Schmidtke 1993, S.502* die "räumliche Konfiguration an der Schnittstelle zwischen Mensch und technischem Gerät im weitesten Wortsinne" bezeichnet. Mit dem Begriff Arbeitssystem wird das Zusammenwirken von Mensch und Arbeitsmittel im Arbeitsablauf am Arbeitsplatz in einer Arbeitsumgebung zur Erfüllung einer Arbeitsaufgabe bezeichnet (*DIN 33400, REFA 1971a, REFA 1971b*).

Die von der Ergonomie berücksichtigten Arbeitstypen lassen sich einteilen in die energetische und die informatorische Arbeit *(Laurig 1990)*, zu der geistige Tätigkeiten, Überwachungs-, Kontroll- und Steuerungstätigkeiten zu zählen sind *(Löhr 1976)*. Zu physischen Beanspruchungen des Menschen stehen wesentlich umfangreichere Daten und Erkenntnisse zur Verfügung als zu vorwiegend psychischen Beanspruchungen *(Bullinger 1994)*. In dieser Arbeit soll daher auf die physischen Beanspruchungen des Menschen fokussiert werden.

2.1.2 Belastung und Beanspruchung

Die bei der Erfüllung der Arbeitsaufgabe von außen auf den Menschen einwirkenden Einflüße aus Arbeitsgegenstand, Arbeitsumgebung und Arbeitsmittel werden als Belastung bezeichnet. Unter Beanspruchung versteht man die individuelle, von persönlichen Eigenschaften und Fähigkeiten abhängige, auch kurzfristigen Schwankungen unterworfene psychophysiologische Reaktion des Menschen auf die Belastung (Bild 2-1). Wegen der individuell unterschiedlichen Leistungsfähigkeit der Menschen hat die gleiche Belastung bei verschiedenen Individuen in der Regel unterschiedliche Beanspruchungen zur Folge. (*DIN 33400, HdE 1989, Schmidtke 1993, VDI-ADB 1980*)

Bild 2-1: Beanspruchung als individuelle Reaktion auf die einwirkenden Belastungen

Die individuelle physische Belastbarkeit des menschlichen Körpers wird vor allem durch die Leistungsfähigkeit der folgenden beteiligten Körpersysteme begrenzt (Bild 2-2, *Bullinger 1994, Hettinger 1991b*):

- Physiologische Leistungsfähigkeit, Ausdauer und Erholungsleistung des Herz-Kreislaufsystems (Herz, Kreislauf, Atmung, Schweißdrüsen), vor allem bei schwer dynamischer Muskelarbeit (*HdE 1989*).
- Biomechanische Festigkeit und Dehnbarkeit des Skelett- und Stützapparats (Knochen, Gelenke, Bandscheiben, Bänder), insbesondere der Wirbelsäule (*Ayoub 1992, Jäger & Luttmann 1991*)

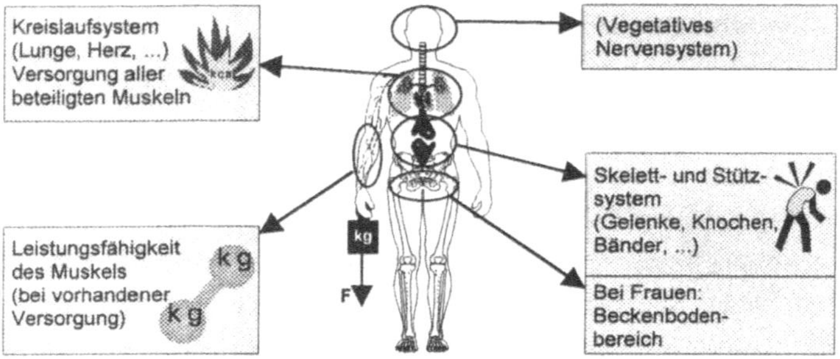

Bild 2-2: Physische Belastungsfähigkeit des Menschen und begrenzende Körpersysteme

- Statische und dynamische biomechanische Stärke einzelner Muskelgruppen (Muskeln, Sehnen)
- Kontroll- und Steuerapparat (neuro-physische Kriterien, z.B. Sinnesorgane)
- Festigkeit des weiblichen Beckenbodens (*Hettinger 1991a*)

2.1.3 Vielfalt der ergonomischen Verfahren und Daten

Ein guter Produkt- bzw. Arbeitssystementwurf führt bei keinem Individuum aus der Benutzergruppe zu unzulässig hohen Beanspruchungen. Die Ergonomie muß sowohl die individuelle Verschiedenheit der Menschen als auch die Komplexität des menschlichen Körpers und Verhaltens berücksichtigen (Bild 2-3). Die Komplexität des Menschen erschwert die Entwicklung umfassender Methoden, daher gibt es in der Ergonomie weltweit eine Vielzahl von Verfahren, die angewandt werden, um Belastungen zu analysieren und zu bewerten. Die Verfahren berücksichtigen jeweils andere Teilaspekte der Gesamtbelastung bzw. gehen von unterschiedlichen Voraussetzungen und Randbedingungen aus, daher sind je nach konkreter Problemstellung in der Regel unterschiedliche Verfahren geeignet.

Weltweit gelten abhängig von der jeweiligen Benutzergruppe je nach Land und Firma unterschiedliche Körpermaße. Nicht zuletzt wegen des länder- und firmenspezifisch unterschiedlich ausgeprägten Stellenwerts der Ergonomie sind je nach Einsatzgebiet des Arbeitssystems unterschiedliche Gesetze, Normen und Vorschriften zu berücksichtigen.

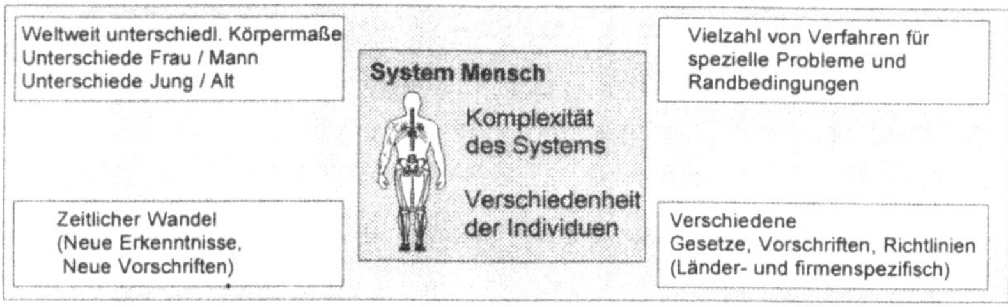

Bild 2-3: Randbedingungen der Ergonomie

Die ergonomischen Methoden werden durch die Forschung kontinuierlich weiterentwickelt, um die Vorhersagegenauigkeit bei der Anwendung auf praktische Probleme zu verbessern. In Zukunft sind neue Erkenntnisse und verbesserte Verfahren in der Ergonomie sowie neue Normen und Richtlinien zu erwarten (s.Kap.1.2). Die Grundlagendaten, beispielsweise die Körpermaße des Menschen aufgrund des säkularen Akzelerationstrends, sind einem ständigen Wandel unterworfen.

2.1.4 Ergonomie als Qualitätskriterium

In *ISO 8402* ist Qualität definiert als die Gesamtheit von Eigenschaften und Merkmalen einer Einheit, die sich auf deren Eignung zur Erfüllung festgelegter oder vorausgesetzter Erfordernisse beziehen. Im Sinne dieser Definition sind ergonomische Eigenschaften eines Produktes oder Arbeitssystems wesentliche Qualitätskriterien.

2.1.5 Begriffsdefinition

Im folgenden wird der Begriff **Produkt** verallgemeinert für alle technischen Systeme gebraucht, die ergonomisch relevante Eigenschaften aufweisen, das heißt in direkter Wechselwirkung mit dem Menschen stehen. Um beispielsweise das Produkt Automobil zu erstellen, ist es notwendig, sowohl die bedien-, montage-, wartungs- und demontagegerechte Gestaltung des Gesamtsystems Automobil als auch seiner Einzelteile zu bedenken. Es müssen zur Montage der Einzelteile weitere Produkte, wie z.B. ein Endmontageband, geschaffen werden, für die wiederum dieselben Überlegungen gelten. Die Werker, die das Produkt Montagearbeitsplatz nutzen, können in diesem Sinne als firmeninterne Kunden der vorgelagerten Bereiche (z.B. Arbeitsvorbereitung) betrachtet werden. Am Endmontageband werden Handwerkzeuge verwendet, die als Produkte mit all ihren ergonomischen Eigenschaften gestaltet werden müssen. Die Person, welche die Gestaltung des Produktes durchführt, in der Konstruktionsabteilung oder in der Produktionsplanung, wird im folgenden allgemein als **Planer** bezeichnet.

Bei der Konzeption und Gestaltung der ergonomischen Eigenschaften von Produkten müssen die Randbedingungen der gedachten Benutzung, das heißt seine Einbettung in das zukünftige Arbeitssystem, mit berücksichtigt werden. Die Gestaltung eines Arbeitssystems beinhaltet demnach als Teilmenge die Gestaltung von Produkten nach obiger Definition und stellt somit die im Hinblick auf die ergonomischen Anforderungen anspruchsvollste Aufgabe dar.

2.2 Mangelnde ergonomische Qualität als Kostenfaktor

2.2.1 Ergonomische Qualität und Kosten

Die Entscheidung für oder gegen ein Produkt- bzw. Arbeitssystemkonzept muß in Abwägung mit dem Gesamterfolg des Unternehmens als Zielgröße fallen. Häufig wird Ergonomie in Unternehmen nur unter dem humanitären Aspekt betrachtet, da das Einsparungspotential, das in guter ergonomischer Gestaltung liegt, schwer quantifizierbar ist. Außer Frage steht, daß mangelhafte ergonomische Qualität einer Firma erhebliche Kosten verursacht. Einen Kausalzusammenhang zwischen mangelhafter ergonomischer Qualität von Produkten und Arbeitssystemen und den dadurch verursachten Kosten nachzuweisen, haben verschiedene Autoren versucht. So treten nach *Hettinger (1985a, 1985b), Pizatella et al. (1992), Waters et al. (1993a)* bei Arbeitnehmern, die schwere Lasten handhaben müssen, überdurchschnittlich häufig Erkrankungen des Muskel- und Skelettsystems auf. Aus dieser Tatsache einen Nachweis der Kosten zu konstruieren, ist problematisch *(Thiehoff 1993b)*, es kann jedoch eine Abschätzung des maximalen Verbesserungspotentials, das in bisher nicht verhinderten Erkrankungen, aber auch in anderen, im folgenden zusammengestellten kostenverursachenden Faktoren liegt, durchgeführt werden.

2.2.2 Kostenverursachende Faktoren und Verbesserungspotential

Eine Reihe von möglichen Kostenfaktoren lassen sich mit mangelnder ergonomischer Qualität von Produkten in der Produktion in Zusammenhang bringen (s.Bild 2-4). Durch Prävention in Form von guter Gestaltung kann ein gewisser Prozentsatz dieses Potentials ausgeschöpft werden, wie Fallstudien nachweisen (z.B. *Bienek & Rückert 1994, Spilling et al. 1986*).

Ein Kostenfaktor, dessen Gesamtkosten für das Unternehmen monetär quantifizierbar sind, ist der **Krankenstand**. Nach einer Statistik des *BKK (1995)*, in der 5,2 Mio. Mitglieder erfaßt sind, lag 1993 der Krankenstand bei durchschnittlich 20,4 Tagen pro Jahr und Mitarbeiter. Hierbei ist zu beachten, daß Arbeitsunfähigkeitsfälle bis zu drei Tagen nur teilweise gemeldet werden und daher nicht voll in diese Statistik einfließen. 32 % der Arbeitsunfähigkeitstage sind durch Muskel- und Skeletterkrankungen verursacht. Nach *Leamon (1994)* steigt die Länge einer Arbeitsunfähigkeit mit den Anforderungen des Arbeitsplatzes, an den der Arbeitnehmer zurückkehren muß. Die **Frühverrentungsquote** bei den gewerblichen Arbeitnehmern liegt nach *BKK (1995)* bei ca. 30%. *Rühmann & Schmidtke (1992)* zitieren Statistiken, wonach im Jahr 1988 39% der Männer und 18% der Frauen frühzeitig

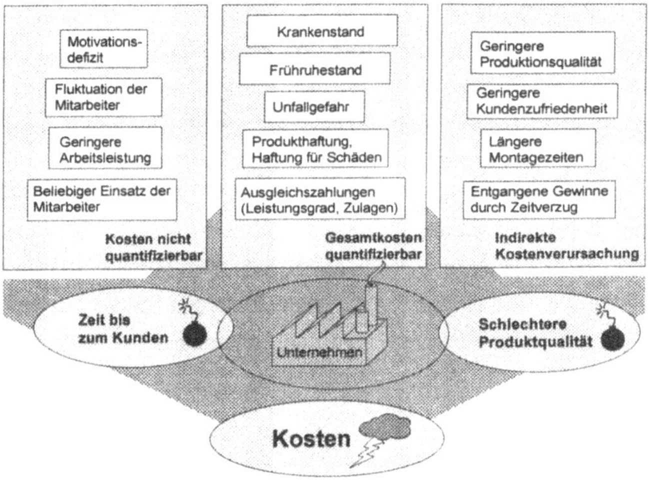

Bild 2-4: Mögliche Auswirkungen mangelhafter ergonomischer Qualität

aus dem Berufsleben ausscheiden mußten, wobei in 17% der Fälle Erkrankungen des Rückens die Ursache waren. In den genannten Arbeitsunfähigkeitszahlen sind Ausfälle aufgrund von **Arbeitsunfällen** enthalten. Der durch Arbeitsunfälle entstehende Krankenstand liegt bei etwa 5% des gesamten Krankenstandes *(Thiehoff 1994)*. Die Unfallgefahr steigt durch vorzeitige Ermüdung des Arbeitnehmers. Ein weiteres Unfallrisiko entsteht durch provisorische Maßnahmen, die ergriffen werden, um fehlerhafte Arbeitsplatzgestaltung zu umgehen (*Nicholson & Ridd 1988*).

Schwer zu quantifizieren sind weitere Folgen ergonomischer Qualitätsmängel. So müssen für anstrengende Tätigkeiten **Ausgleichszahlungen** (Einstufung in Lohngruppen, Leistungsgradeinstufung, Zulagen) geleistet werden. Falls die Arbeit zu erhöhter Ermüdung führt, hat dies in der Regel **längere Erholzeiten** zur Folge. Eng mit der Arbeitsleistung hängen **Motivation** und Arbeitszufriedenheit zusammen. Bei physisch anstrengenden Tätigkeiten steigt die Wahrscheinlichkeit, daß auch bei kleineren Krankheiten ein Arbeitnehmer der Arbeit fernbleibt (*Eastman Kodak 1986*). Durch die menschgerechte Gestaltung der Arbeit für alle Personen wird es einfacher, bei Ausfall durch Urlaub, Krankheit oder bei temporär anderem Einsatz des Arbeitnehmers geeigneten Ersatz zu finden. Der beliebige **Einsatz der Mitarbeiter** ist insbesondere auch bei Gruppenarbeitsorganisation ohne feste Zuteilung zu einzelnen Arbeitsstationen von Bedeutung *(Hechl 1995)*. Bei physisch anstrengenden Tätigkeiten kann die Wiedereingliederung nach längerer Krankheit oder Verletzung aus medizinischen Gründen schwierig sein. Die **Fluktuation von Mitarbeitern**, die nicht leistungsfähig oder motiviert genug sind, führt zu einer "natürlichen Auslese" an belastenden Arbeitsplätzen *(Rey & Bousquet 1995)*. Durch erhöhte Belastung aufgrund mangelnder ergonomischer Gestaltung fällt die menschliche Leistung ab und steigt die **Fehlerwahrscheinlichkeit** (*Bubb 1995*). Eine in einer schwedischen Automobilmontage durchgeführte Studie weist eine um das dreifache höhere Fehlerrate und entsprechend **geringere Produktionsqualität** an Arbeitsstationen mit ergonomischen Mängeln nach (*Eklund 1995*). Nicht unerwähnt bleiben soll der enge Zusammenhang von ergonomischer und wirtschaftlicher Arbeitsplatzgestaltung (*Wallner 1970, MTM e.V. 1990*). Durch bessere Zugänglichkeit und montagegerechte Produktgestaltung können **Montagezeiten** reduziert werden.

Weitere Kostenfaktoren beziehen sich auf das von der Firma hergestellte und am Markt verkaufte Erzeugnis. Die **geringere Kundenzufriedenheit durch schlech-**

tere **Produktqualität** kann zu Absatzeinbußen führen. Eine zeitlich spätere Marktpräsenz wegen der notwendigen Behebung ergonomischer Mängel führt ebenfalls zu Kosten. Bei schwerwiegenden ergonomischen Mängeln können Kosten durch Schadensersatzzahlungen (**Produkthaftung**) entstehen.

2.2.3 Volkswirtschaftliche Betrachtung

In Deutschland betragen die Ausfälle an Produktionsleistung durch Arbeitsunfähigkeit mindestens 89 Mrd. DM pro Jahr (*Thiehoff 1993a*) und die Gesamtkosten der Arbeitsunfähigkeit für die deutsche Volkswirtschaft zwischen 340 und 430 Mrd. DM (*Thiehoff 1994*). Die Kosten werden zu einem hohen Prozentsatz von der Allgemeinheit getragen, nicht zuletzt deshalb ist die Zurechnung der Kosten schwierig (*Rey & Bousquet 1995*). Die Vermeidung von arbeitsbedingtem Verschleiß im Arbeitsleben ist somit auch ein relevanter Faktor für den Erfolg aller Unternehmen in einer Volkswirtschaft und die Konkurrenzfähigkeit des Wirtschaftsstandortes.

2.3 Produktlebenszyklus und ergonomische Eigenschaften

2.3.1 Lebensphasen des Produktes und ergonomische Anforderungen

Die Anforderungen an das Produkt ergeben sich aus seinem unternehmensinternen und unternehmensexternen Lebenszyklus. Aus der Betrachtung der Auswirkungen der Produktgestaltung auf die Umgebungssysteme in der jeweiligen Produktlebensphase kann ein Anforderungsspektrum abgeleitet werden. Neben anderen Anforderungsbereichen, wie technische Funktion und Wirtschaftlichkeit, ist die Ergonomie ein wichtiger Anforderungsbereich. In Anlehnung an *Milberg & Schuster (1992)*, *Bullinger (1994)* und *Kern & Schindhelm (1995)* kann der Produktlebenszyklus eingeteilt werden in Produktplanung, Produktkonstruktion, Produktionsplanung, Prototypen/Vorserie, Produktion, Vertrieb, Produktnutzung, Instandhaltung und Entsorgung. Aus jeder der Produktlebensphasen lassen sich Anforderungen an die ergonomische Produktqualität ableiten (Bild 2-5). In der Planung und Konstruktion, d.h. in einer sehr frühen Lebensphase wird eine technische Lösung für die gestellte Aufgabe entwickelt und werden ergonomische Qualitätseigenschaften festgelegt, die sich in den folgenden Lebensphasen auswirken.

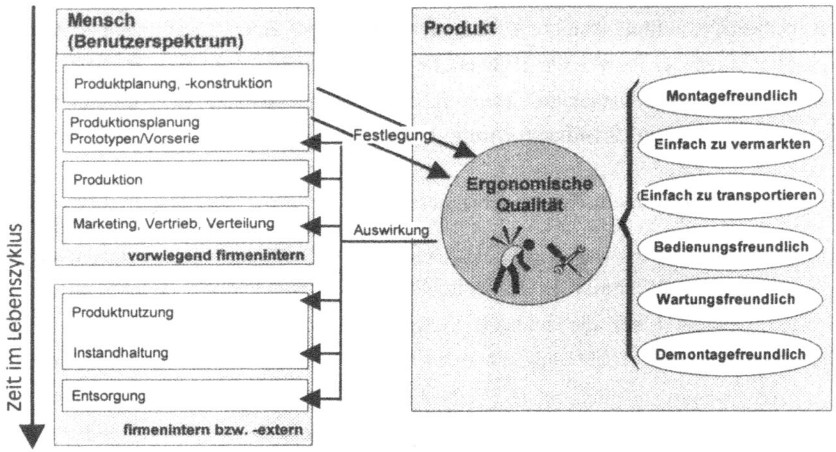

Bild 2-5: Festlegung und Auswirkung ergonomischer Qualität im Produktlebenszyklus

In der Produktionsplanung, bei Prototypen und Vorserie sowie in der Produktion, bei der Fertigung der Einzelteile und der Montage des Gesamtsystems sind vor allem die Kriterien Fertigungs- und Montagefreundlichkeit, Zugänglichkeit und Einsehbarkeit von Montagestellen und von Testpunkten von Interesse. Arbeitsplätze in der Produktion müssen Vorschriften entsprechen (s.Kap.1.2) und teilweise durch Berufsgenossenschaften und Werksärzte abgenommen werden.

In der Vertriebsphase wird das Produkt am Markt angeboten, wobei die ergonomische Qualität bei einigen Produkten ein wichtiges Marketingargument ist. Auch Verpackung, Kommissionierung und Auslieferung von Produkten kann, vor allem bei schweren und unhandlichen Produkten, Anforderungen an die Produktgestaltung zur Folge haben. Bei vielen Produkten ist die Nutzung des Produktes die längste Lebensphase und gibt die meisten ergonomischen Anforderungen vor. Während in der Produktion in der Regel von gesunden, erwachsenen Personen ausgegangen werden kann, ist das Benutzerspektrum bei der Produktnutzung häufig unbekannt.

Die Instandhaltung, Wartung und Reparatur eines Produktes stellt im Vergleich mit der montagefreundlichen Produktgestaltung erhöhte Anforderungen, da bei Reparaturen die Reihenfolge der Montage- bzw. Demontagetätigkeiten abhängig vom zu ersetzenden defekten Teil ist und die Randbedingungen meist nicht beeinflußt werden können. Da technische Systeme immer komplexer und interdependenter werden, wird die schnelle Behebung von Problemen immer wichtiger. Die regelmäßige Wartung muß daher in der Regel ohne Ausbau von Teilen und bei festinstallierten Geräten ohne Demontage des Gerätes erledigt werden. Mit der Demontage bzw. der Entsorgung des Produktes ist der Lebenszyklus beendet. Die Anforderungen an ergonomische Kriterien sind hier in der Regel von der Struktur her ähnlich, jedoch meist etwas einfacher als bei der Montage.

2.3.2 Konventionelles Vorgehen bei der ergonomischen Gestaltung

2.3.2.1 Überblick der Methoden

Zur Berücksichtigung von Ergonomie bei der Produktentwicklung existieren verschiedene Methoden (Bild 2-6), die abhängig vom jeweiligen Entwicklungsstand angewendet werden. In der Konzeptphase stehen dem Planer Gestaltungsrichtlinien zur Verfügung. Für komplexere Problemstellungen ist es zusätzlich notwendig, die Erfüllung der Zielgröße ergonomische Produktqualität zu bewerten. Diese Evaluierung kann einerseits an einem Versuchsaufbau oder zu einem späteren Zeitpunkt am ersten realen Prototypen des Produkts mit Hilfe von Verfahren zur Belastungs- und Beanspruchungsbewertung durchgeführt werden. Die Bewertungskriterien wer-

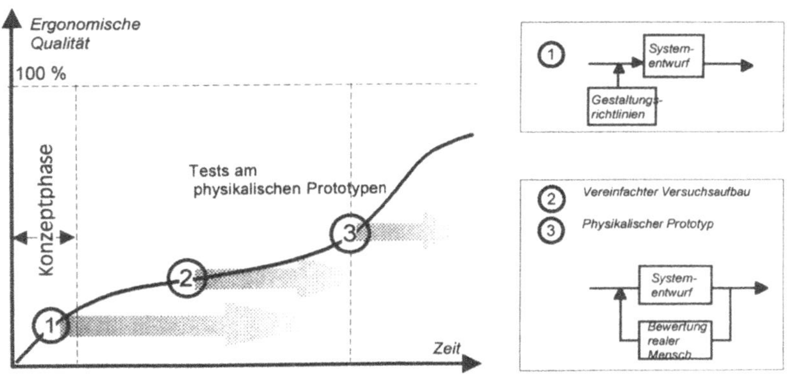

Bild 2-6: Methoden zur ergonomischen Produktgestaltung und -überprüfung

den aus den Anforderungen vom Produktlebenszyklus an das Produkt unter Berücksichtigung der zukünftigen Benutzergruppe abgeleitet.

2.3.2.2 Richtlinien und Tabellen zur Produkt- und Arbeitssystemgestaltung

Zu ergonomischen Grundlagendaten (z.B. Körpermaße und Körperkräfte des Menschen) gibt es umfangreiche Datensammlungen, durch die der Planer einen ersten Anhaltspunkt für die menschgerechte Gestaltung bekommt *(Hettinger et al. 1976, VDI-ADB 1980, Jürgens et al. 1989, HdE 1989, Kirchner & Baum 1990)*. Für die Planung von Standardarbeitsplätzen werden Maßempfehlungen in Abhängigkeit von verschiedenen Einflußfaktoren, wie z.B. Sehentfernung und Kraftaufwand eingesetzt (*Siemens AG 1981, Jenner & Kaufmann 1985, Jenner & Berger 1986, Schultetus 1980*). Mit Hilfe von Prüflisten *(Schmidtke 1989)* kann der Planer Schwachstellen des Produkt- und Arbeitssystementwurfs identifizieren.

2.3.2.3 Versuchsaufbauten und Bau von Prototypen

Die Interaktion des Menschen mit dem Produkt und damit die ergonomische Qualität des Produktentwurfs kann in der Regel zuerst an einem realen, physikalischen Funktionsmodell im Originalmaßstab mit Methoden der Belastungs- oder Beanspruchungsermittlung an Probanden bewertet werden (Bild 2-7). Das Modell kann zu einem früheren Zeitpunkt im Entwicklungsprozeß ein abstrahierender Versuchsaufbau mit beschränkter Funktionalität (auch "Physical Mockup" genannt) sein, der

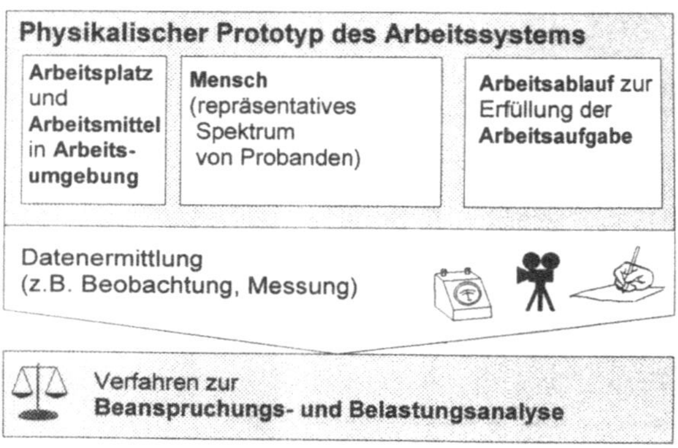

Bild 2-7: Ergonomische Bewertung an physikalischen Modellen

meist aus leicht zu bearbeitenden, preiswerten Materialien aufgebaut ist *(Lorenz 1989)*. Später kann dies ein Prototyp sein, das heißt eine vollständig funktionale, handgearbeitete Version des Produktes. Da die Unterschiede fließend sind, soll die Erstellung eines Modells des Produktes im folgenden verallgemeinert als Prototyp bezeichnet werden.

Bei allen größeren Änderungen, die sich im Laufe des Entwicklungsprozesses ergeben, müssen neue Funktionsmodelle konstruiert und erzeugt werden und die meist aufwendigen Versuche wiederholt werden. Die Einflüße der Arbeitsumgebung können häufig nicht am Prototyp, sondern erst am realen Einsatzort ermittelt werden.

2.3.2.4 Belastungs- und Beanspruchungsermittlung

Ausgehend von den meßbaren Einflußgrößen der Belastung des Menschen wurden verschiedene Verfahren zur Bewertung von Produkten und Arbeitssystemen entwickelt (Bild 2-8, ausführliche Beschreibung in Kap.6.5). Arbeitskörperhaltungsanalysen bewerten ausgehend von der Körperhaltung teilweise unter Berücksichtigung weiterer Einflußgrößen die physische Belastung. Biomechanische Berechnungsverfahren bestimmen aufgrund der von außen angreifenden Kräfte Größen (z.B. Bandscheibendruck) im Inneren des Körpers. Maximalkraftanalysen fokussieren meist auf die Stärke eines Muskelsystems in einer bestimmten geometrischen Konfiguration. Energieumsatzanalysen bestimmen den Energieumsatz, der bei schwer dynamischer Tätigkeit die Leistungsfähigkeit limitiert, abhängig von Tätigkeit, Geometrie und Umgebung. Kombinierte Verfahren für die Bewertung von Hebe- und Tragevorgängen berücksichtigen mehrere begrenzende Faktoren (Energieverbrauch, Maximalkräfte, biomechanische Belastbarkeit). Verfahren zur Ermittlung der Gesamtbelastung, teilweise mit Berücksichtigung psychischer Bela-

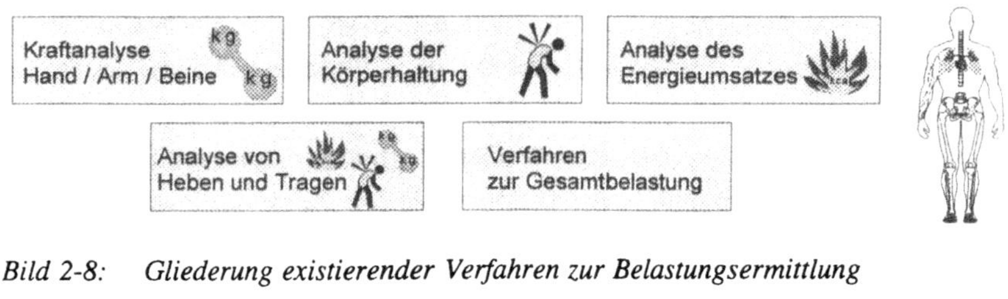

Bild 2-8: Gliederung existierender Verfahren zur Belastungsermittlung

stungsfaktoren, existieren ebenfalls. Die Verfahren sind meist für die Anwendung mit Papier und Bleistift konzipiert und im Sinne der praktischen Anwendbarkeit vereinfacht. Dennoch sind fast alle Verfahren in der Praxis mit konventionellen Mitteln zeitaufwendig in der Durchführung. Die Verfahren können teilweise schon in der Konzeptphase angewandt werden, meist werden die notwendigen Daten aber durch Beobachtung und Vermessen von Probanden an einem physikalischen Prototyp aufgenommen.

Die Beanspruchung als letztendlich maßgebliche Größe kann nur durch die Einbeziehung des Menschen in den Meßkreis, d.h. erst zu einem relativ späten Zeitpunkt im Entwicklungsprozeß ermittelt werden. Es existieren verschiedene Methoden zur Beanspruchungsermittlung (*Schnauber & Zerlett 1983, Schmidtke 1993*), objektive, wie die Messung der Pulsfrequenz oder der elektrischen Muskelaktivität der Probanden und subjektive, etwa die Befragung der Probanden. Bei der Beanspruchungsmessung sind Methoden von Bedeutung, die unblutig, einfach handhabbar und vor allem rückwirkungsfrei durchgeführt werden können. Aus den Beanspruchungen der jeweiligen Probanden mit ihren individuellen Körpermaßen und ihrer individuellen Leistungsfähigkeit muß auf die Beanspruchung der Zielgruppe geschlossen werden. Daher werden die Versuche meist mit extremen Repräsentanten oder einem repräsentativen Spektrum von Probanden, das der späteren Benutzergruppe entspricht, durchgeführt.

2.3.2.5 Mögliche Maßnahmen bei ergonomischen Schwachstellen

Falls ergonomische Probleme zu spät erkannt werden oder in Sonderfällen aus technischen oder wirtschaftlichen Gründen die Anpassung des Produktes an den Menschen nur beschränkt möglich ist, muß der Mensch durch Personenauswahl oder durch Training an das Produkt angepaßt werden, um gesundheitliche Probleme zu vermeiden.

Die Auswahl von Personen ist nur für Produkte denkbar, die in einem kontrollierbaren Umfeld eingesetzt werden und erfordert zeitaufwendige und teure Testprozeduren für die betroffenen Personen (*Eastman Kodak 1983*). In der Produktion beispielsweise müssen die am jeweiligen Arbeitsplatz gegebenen Auswahlkriterien bekannt sein, was die Ermittlung und Dokumentation der Belastungssituation voraussetzt. Wird die Personenauswahl nicht durch eine geeignete Organisation vorgesehen, so tritt eine "natürliche Auslese" ein (s.Kap.2.2.2). Durch Training wird gelegentlich versucht, die Leistungsfähigkeit des Menschen zu verbessern. Dies ist praktisch kaum durchführbar, da das Training in den Arbeitsablauf integriert werden muß, um die Trainiertheit aufrecht zu erhalten *(Eastman Kodak 1986)*. Durch arbeitsorganisatorische Maßnahmen können während des Arbeitsablaufs Erholungszeiten vorgesehen werden. Dies können Erholungspausen oder eingeplante Wechsel an weniger belastende Arbeitsplätze ("Job Rotation") sein. Voraussetzung ist jedoch, daß belastende Tätigkeiten mit ihrer Belastungsgröße erkannt werden.

2.4 Schwachstellen im Entwicklungsprozeß

2.4.1 Schlechte ergonomische Qualität als Folge später Fehlererkennung

Das Produkt wird, wie in Kap.2.3.2 dargestellt, in der Regel erstmals anhand realer Versuchsmodelle oder des ersten Prototyps überprüft. Fehler werden daher oft erst zu diesem späten Zeitpunkt gefunden. Im Laufe des Entwicklungsprozesses wird die Lösungsvielfalt durch zunehmende Detaillierung eingeschränkt (Bild 2-9). Der Gestaltungsspielraum, der für Variation und Optimierung des Produktentwurfs sowie

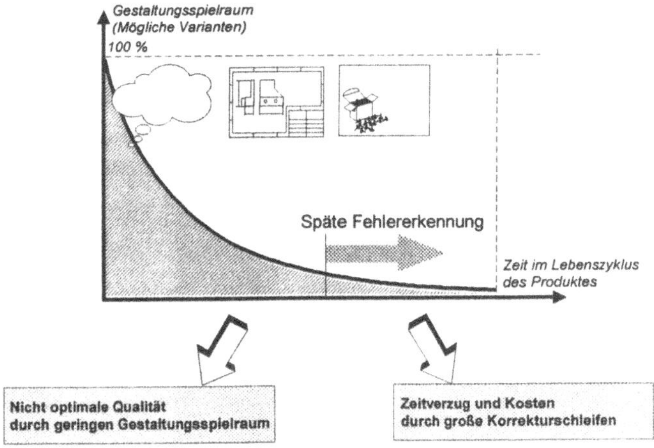

Bild 2-9: Geringer Gestaltungsspielraum bei später Fehlererkennung

zur Fehlerbehebung bleibt, ist zum Zeitpunkt des realen Hardwareaufbaus schon so klein geworden, daß eine grundlegende Änderung des Konzeptes nicht mehr möglich ist. Die bei der Fehlerbehebung gewählte Alternative ist dann nicht die qualitativ optimale Lösung und beschränkt sich auf Nachbesserungen. Hohe ergonomische Qualität kann somit in der Unternehmenspraxis umso besser erreicht werden, je früher die Optimierung des Systementwurfs durchgeführt wird.

Einige schwerwiegende ergonomische Mängel erfordern einen drastischen, grundlegenden Neuentwurf. Diese Änderungen, die außerhalb des Gestaltungsspielraumes liegen, ziehen Korrekturen auf verschiedenen Ebenen nach sich und führen einerseits zu Kosten, die mit zunehmendem Entwicklungsfortschritt exponentiell ansteigen *(Linner 1992)*, und andererseits durch die durchlaufene Korrekturschleife zu verspäteter Marktpräsenz mit entsprechend entgangenen Gewinnen (s.Kap.1.1). Da sich die Ergonomie häufig mit dem Gesamtsystem beschäftigt, kann ein Test meist erst am Gesamtsystem durchgeführt werden. Änderungen aufgrund erkannter ergonomischer Schwächen ziehen häufig Änderungen an mehreren Teilsystemen des Produktes nach sich und erfordern einen entsprechenden Aufwand bei der Durchführung.

2.4.2 Hoher Aufwand der Durchführung ergonomischer Analysen

Die Durchführung von Analysen eines Produktes mit Probanden ist aus verschiedenen Gründen aufwendig (Bild 2-10). Wegen der Verschiedenheit der Menschen muß zur zuverlässigen Beurteilung ein dem Benutzerkollektiv entsprechendes repräsentatives Spektrum von Versuchspersonen zur Verfügung stehen. Bei unbekanntem Anwenderspektrum oder stark verschiedenen Personen, insbesondere bei international eingesetzten Produkten, kann eine Überprüfung aller betroffenen Größen von Personen aus Zeit- und Kostengründen häufig nicht vorgenommen werden.

Da Konzeptfehler selten zu einer erhöhten Belastung aller beteiligten Menschen führen, werden nicht immer alle Fehler gefunden. Ein weiteres Problem ist die Verallgemeinbarkeit und Reproduzierbarkeit der Untersuchungsergebnisse, falls nicht genug Probanden zur Verfügung stehen.

Insbesondere bei großen und vor allem bei komplexen Produkten – bei denen die Überprüfung besonders wichtig ist – ist der Aufbau von realistischen Versuchsum-

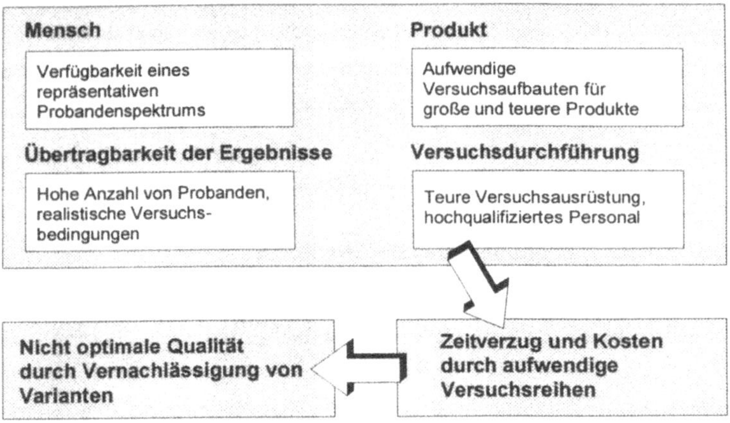

Bild 2-10: Zeit- und kostenintensive Versuchsdurchführung

gebungen mit großem Aufwand verbunden. Ein weiteres Hindernis für die Analyse am realen Prototyp ist, daß teuere Ausrüstung und hochqualifiziertes Personal benötigt werden, um die Ergebnisse durchzuführen und richtig zu bewerten.

Die Anwendung der Verfahren zur ergonomischen Analyse und Bewertung ist nicht zuletzt wegen der für die Übertragbarkeit der Ergebnisse notwendigen hohen Zahl von Probanden zeitaufwendig und kostenintensiv *(Rohmert et al. 1988, Thomas et al. 1995)*. Deshalb werden umfangreiche Versuchsreihen hauptsächlich durchgeführt an sicherheitsrelevanten Arbeitsplätzen (z.B. Flugzeug, Nukleartechnik), bei großen Stückzahlen (z.B. Automobil) oder bei hohen Folgekosten möglicher Probleme.

2.4.3 Aufwendige Variantenerstellung

Zur Optimierung des Produktentwurfs ist es notwendig, Variationen der Produktgestaltung bewerten zu können. Alle Änderungen des Produktentwurfs aufgrund von Anforderungen anderer an der Entwicklung beteiligter Bereiche müssen aus ergonomischer Sicht bewertet und gegebenenfalls Alternativen erarbeitet werden. Da jeweils neue Versuchsaufbauten konstruiert und aufgebaut werden müssen und die Versuchsreihen wiederholt werden müssen, erfordert dieser Prozeß viel Zeit und Kosten. Folge ist meist die Beschränkung auf nur eine Lösungsvariante. Wegen der Anpassungsfähigkeit des Menschen wird die detaillierte ergonomische Gestaltung häufig nicht als Muß, sondern als Soll gesehen. Tatsächlich kann selbst die Funktion eines schlecht gestalteten Arbeitssystems in den meisten Fällen zumindest von einigen Personen eine Zeitlang aufrechterhalten werden.

2.5 Verfügbare Hilfsmittel, Stand der Technik

2.5.1 Klassifizierung bestehender Methoden

Zur Unterstützung der Gestaltung, Analyse und Bewertung von Produkten und Arbeitssystemen existieren verschiedene meist rechnerbasierte Hilfsmittel, die sich einteilen lassen in wissensorientierte, geometrisch orientierte und probandenorientierte Methoden (Bild 2-11). Im Sinne der erkannten Schwachstellen sollen verfügbare Methoden und existierende Hilfsmittel daraufhin untersucht werden, inwieweit ergonomische Kriterien zu einem frühen Stadium des Systementwurfs in der Zeichnungs- und Konzeptphase berücksichtigt werden können und inwieweit die Variantenbildung unterstützt wird.

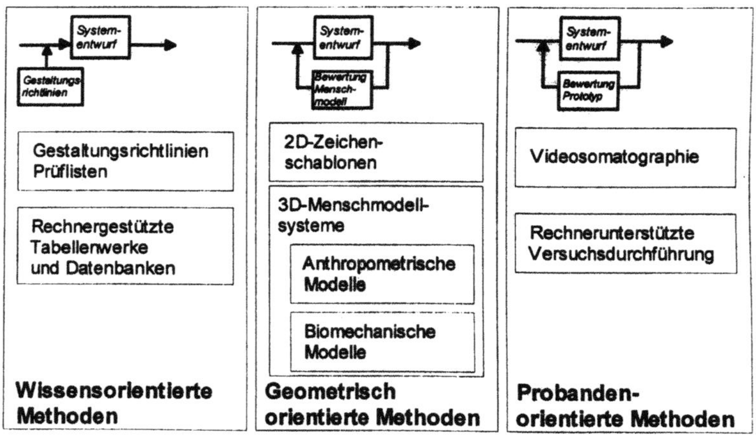

Bild 2-11: Methoden zur ergonomischen Gestaltung und Analyse

2.5.2 Wissensorientierte Methoden und Hilfsmittel zur ergonomischen Gestaltung

Zur rechnerunterstützten Bereitstellung ergonomischer Grundlagendaten, Tabellenwerke, Gesetzesvorschriften, Gestaltungsrichtlinien und zur Auswertung von Prüflisten sind einige Systeme verfügbar. Das von *Jäger & Hecktor (1991)* beschriebene System ErgonExpert verwendet Expertensystemtechnik zur Auswahl der jeweilig geeigneten Daten. Das von *Jastrzebska-Fraczek & Schmidtke (1992)* entwickelte Ergonomische Datenbank System (EDS) basiert auf einer Datenbank mit ergonomischem Wissen aus verschiedenen Quellen und ermöglicht zusätzlich die interaktive Auswertung von Tabellenwerken. Für die rechnergestützte Anwendung einzelner Verfahren zur Belastungsanalyse existieren spezialisierte Programme (*Automats 1988, Genaidy et al. 1989, Vink et al. 1993, Vedder & Laurig 1994, NTIS 1994*). In den letzten Jahren ist durch das schnelle Anwachsen des weltweiten Computernetzes Internet eine große Auswahl an ergonomischen Daten, die ständig aktualisiert werden, von jedem Rechner mit Netzzugang verfügbar, z.B. das von der University of Utah betreute ErgoWeb oder die CSERIAC data base der U.S. Air Force.

2.5.3 Geometrisch orientierte Methoden zur ergonomischen Gestaltung

2.5.3.1 Methodenbeschreibung

Mit starren und beweglichen **2D-Zeichenschablonen** für verschiedene anthropometrische Größen können auf einfache Weise die menschlichen Abmessungen in technische Zeichnungen eingefügt werden *(DIN 33408, Bubb & Kain 1986)*. Zeichenschablonen haben sich in der Praxis bewährt, erfordern allerdings ein hohes Maß an Expertenwissen bei der Anwendung *(Geuß 1994)*.

Seit einigen Jahren ist durch die Entwicklung der Rechnertechnik die dreidimensionale, graphische Abbildung der menschlichen Gestalt möglich. Bei geometrisch orientierten Systemen, die auf einem im Rechner vorhandenen **3D-Menschmodell** basieren, wird auch vom "Digital Mockup" gesprochen. Im Rechner wird ein mehr oder weniger detaillierter Prototyp des zukünftigen Arbeitssystems aufgebaut, der als "virtueller Prototyp" bezeichnet wird. Basierend auf diesem Prototypen können anthropometrische und andere ergonomische Untersuchungen durchgeführt werden.

Die Genauigkeit der Ergebnisse und die Übertragbarkeit auf die Realität hängen entscheidend davon ab, daß Randbedingungen und Einflußfaktoren ausreichend berücksichtigt werden. Die allgemeine Anwendbarkeit auf verschiedenartige Problemstellungen der Praxis wird mit durch die Möglichkeit bestimmt, verschiedene Aspekte der ergonomischen Belastung zu berücksichtigen und das System an die Verschiedenheit der Menschen anzupassen.

Im Bereich der Wirbelsäule sind Messungen außerordentlich schwierig durchzuführen, daher wurden verschiedene **biomechanische 2D- und 3D-Ersatzmodelle** des menschlichen Körpers zur Ermittlung der Druckbelastung der Bandscheiben entwickelt. Eingangsgrößen sind die Körperhaltung und die einwirkenden Kräfte sowie die anthropometrischen Daten der ausführenden Person.

2.5.3.2 Existierende Hilfsmittel

In den letzten Jahrzehnten wurden mehr als 100 rechnerbasierte Menschmodelle entwickelt, von denen ein Großteil im militärischen Sektor oder innerhalb der Luft- und Raumfahrtindustrie entstanden und nicht öffentlich zugänglich sind *(Krist 1994)*. Über 30 verschiedene Menschmodellsysteme sind, teilweise als Prototypen, veröffentlicht worden. Die bekannten neueren Systeme (Bild 2-12) kommen aus verschiedenen Bereichen mit unterschiedlicher Spezialisierung (Konstruktives CAD-Umfeld, Produktionsplanung und Arbeitsvorbereitung, Bewegungssimulation, medizinische Biomechanik, Film- und Animationsbereich).

Für spezifische Problemstellungen wurden von verschiedenen Firmen und im militä-

AnySIM-man / COSIMAN	*Kummetsteiner 1994*	HEINER	*Rohmert & Schaub 1990*
APOLIN	*Grobelny et al. 1992*	IAOMAS / Ergomas / ErgoMan	*Menges 1992, 1995*
Boeing Human Model	*Dooley 1982*	MANNEQUIN	*Das & Sengupta 1995*
CARLA	*Waldhier 1993*	OSCAR / Anybody / Anthropos	*Lippmann 1986, 1988, 1993*
COMBIMAN	*Das & Sengupta 1995*	PLAID / TEMPUS / JACK	*Das & Sengupta 1995*
CREW CHIEF	*Das & Sengupta 1995*	RAMSIS	*Krüger & Speyer 1990*
CYBERMAN	*Das & Sengupta 1995*	ROBCAD / Man	*Deitz 1995*
Deneb / Ergo	*Järvinen et al. 1996*	SAFEWORK	*Fortin et al. 1990*
DIANA	*Rose 1993*	SAMMIE	*Das & Sengupta 1995*
Dortmunder	*Jäger & Luttmann 1992*	3D-SSPP	*Chaffin & Page 1994*
ERGOMAN	*Seidl 1994*	ADAPS	*Hoeckstra 1993*
FRANKY	*Pfrang 1990*	TOMMI	*Kamusella 1991*
ErgoSHAPE/ErgoSPACE	*Launis & Lehtelä 1992*	WERNER	*Kloke 1990*
GEBOD / ATB	*Seidl 1994*		

Bild 2-12: 3D-Menschmodellierende Systeme

rischen Bereich Programme entwickelt. Zur anthropometrischen Auslegung von Fahrersitzen und Fahrzeuginnenräumen kann das System RAMSIS eingesetzt werden *(Krüger et al. 1990, Seidl et al. 1992)*. Das System erlaubt Körperhaltungsprognosen sowie eine Komfortaussage zu jeder eingenommenen Körperhaltung. Dieses System erreicht die für die Auslegung eines Fahrerarbeitsplatzes notwendige Genauigkeit. Weitere Programme unterstützen bei der Untersuchung der Wartung von Flugzeugturbinen (DIANA, *Rose 1993*), der Sitz- und Cockpitgestaltung in Flugzeugen und Hubschraubern (COMBIMAN und CREW CHIEF, *Das & Sengupta 1995)* und bei der Untersuchung dynamischer Vorgänge, z.B. Crashtests (GEBOD, ATB, *Seidl 1994*).

Aus dem Bereich Montageplanung kommt das in das Expertensystem EMMA integrierte Menschmodell CARLA von *Waldhier (1993*). Hier kann der menschliche Körper zur Visualisierung in eine graphische Darstellung des Arbeitsplatzes eingefügt werden. Für die Planung von Standardarbeitsplätzen der Feingeräte- und Elektroindustrie ist das Programm IAOMAS / Ergomas *(Lay 1988, Berg et al. 1992)* ausgelegt, das zur Darstellung des Menschen ein im Hand-Arm Bereich detailliertes Modell *(Tsotis 1987, Menges 1992)* verwendet. Das Programm stellt unter derselben Oberfläche einige rechnergestützte Tabellen zur Ergonomie zur Verfügung. Zur Visualisierung kann ein detaillierteres Modell des Menschen (ErgoMan) verwendet werden *(Menges 1995)*. Das Menschmodell HEINER *(Rohmert & Schaub 1990)* berücksichtigt neben anthropometrischen Kriterien auch arbeitsphysiologische Aspekte. Bei diesen PC-basierten Systemen scheitert die Echtzeitdarstellung der Körperbewegungen an der Leistungsfähigkeit der Rechnersysteme *(Zülch 1996)*, daher sind diese Systeme zur interaktiven Gestaltung und schnellen Bewertung nur bedingt geeignet.

Für eine allgemeinere Anwendung bei der Produkt- und Arbeitsplatzgestaltung mit Schwerpunkt auf der anthropometrischen Gestaltung wurden die Systeme SAFEWORK *(Fortin et al. 1990)*, WERNER *(Kloke 1990)*, TOMMI *(Kamusella 1991)*, ErgoSHAPE *(Launis & Lehtelä 1992)*, APOLIN *(Grobelny et al. 1992)*, ADAPS *(Hoekstra 1993)*, HumanCAD/MANNEQUIN und SAMMIE (*Das & Sengupta 1995*) entworfen. Diese Systeme berücksichtigen jedoch nicht alle Randbedingungen, Verfahren zur Belastungsanalyse sind nur beschränkt verfügbar. Diese Systeme eignen sich deshalb nicht für die Lösung komplexerer Gestaltungsaufgaben.

Ein System, das einen integrativen Ansatz zur Planung manueller Arbeitssysteme verfolgt, ist das System AnySIM-man, das neben der anthropometrischen Auslegung und der wirtschaftlichen Optimierung des Arbeitsplatzlayouts auch die Simulation der gesamten technischen Umgebung in einer graphischen 3D-Bewegungssimulationsumgebung erlaubt *(Pfrang 1990, Kummetsteiner 1994)*. Das Menschmodellsystem Robcad/Man *(Deitz 1995)* stellt unter der Benutzeroberfläche des Robotersimulationssystem Robcad die Menschmodelle und Grundfunktionalitäten zur Bewegung der Menschmodelle des AnySIM-man Systems zur Verfügung.

Im Bereich Visualisierung und Animation stehen Aspekte wie innerbetriebliche Kommunikation und Darstellung von Systemkonzepten im Vordergrund. In das Robotersimulationsprogramm IGRIP kann zur Visualisierung ein Menschmodell (DENEB/Ergo) integriert werden *(Järvinen et al. 1996)*. Aus dem Animationsbereich kommt das Menschmodell JACK (früher: PLAID/TEMPUS, *Badler 1987*) mit Funktionen zur realistischen Animation von menschlichen Bewegungen (z.B. Gehen) *(Das & Sengupta 1995)* und Ansätzen zur ergonomischen Bewertung. Das Modell ist wegen seiner hohen Beweglichkeit im Rückenbereich (17 Segmente) schwer zu handhaben. Ein im Forschungsbereich und zur Darstellung von menschlichen Körperhaltungen eingesetztes Programm ist die rechnergestützte Somatographie-Schablone Anthropos (früher: OSCAR, ANYBODY) *(Lippmann 1986, Lippmann 1988, Lippmann 1993)*. Aufgrund der großen Beweglichkeit vor allem im Rückenbereich (insgesamt 23 Segmente mit je bis zu 5 Freiheitsgraden) ist die Modellierung einer Körperhaltung sehr aufwendig und das interaktive Bewegen des Modells nicht möglich. Unter derselben Benutzeroberfläche sind verschiedene Tabellenauswertungen für einfache ergonomische Analysen verfügbar.

Einen umfangreicher Überblick zu biomechanischen Modellen bieten *Menges 1992* und *Jäger & Luttmann 1992*. Das System von *Chaffin & Baker (1970)* geht von einer einfachen statische Betrachtung aus, mit dem Dortmunder (*Jäger & Luttmann 1992*) sowie dem auf Optimierungsalgorithmen basierenden System 3DSSPP von *Chaffin & Page (1994)* können auch dynamische Kräfte berücksichtigt werden. Die existierenden Modelle sind wegen vieler Freiheitsgrade schwer handhabbar *(Ayoub 1992)* und wegen der beschränkten Aussagekraft der zugrundeliegenden Berechnungsmodelle (s.Kap.6.5.4) nur wenig geeignet für allgemeine Gestaltungsaufgaben.

2.5.4 Probandenorientierte Methoden und Hilfsmittel

Die Videosomatographie ist ein probandenorientiertes Verfahren, bei dem durch Bildmischung das 3D-CAD-Modell des Produktes mit dem Videobild einer Versuchsperson überlagert wird (*Martin 1981, Lorenz 1989, Waller & Reiff 1990*). In der Regel agiert der Proband in einem vereinfachten Modell des Arbeitsplatzes. Durch Skalierung des Produktbildes kann unter Vernachlässigung der Proportionsunterschiede die Wirkung von unterschiedlichen Körpermaßen simuliert werden. Ein wesentlicher Vorteil ist, daß der Planer in einem frühen Stadium des Produktentwurfs seine Konstruktion selbst "erfahren" kann. Ein Nachteil neben den Kosten für die technische Ausrüstung ist, daß die Belastungssituation wegen der fehlenden Kraftrückwirkung, mangels einer real existierenden Arbeitsumgebung und wegen der stark vereinfachten geometrischen Zwangsbedingungen nur ungenau bestimmt werden kann.

Einige Methoden und Hilfsmittel vereinfachen die Durchführung und Auswertung von Versuchen. So können durch rechnerbasierte Vermessung von Probanden (*Seidl 1994, Geuß 1994*) Körperhaltungen im Rechner weiterverarbeitet werden. Spezielle Verfahren der Belastungsanalyse können mit Hilfe der von *Kivi & Mattila 1991* und *Tracy & Corlett 1991* beschriebenen Systemen rechnerunterstützt durchgeführt werden.

2.5.5 Bewertung der existierenden Methoden

Wissensorientierte Verfahren, welche Daten und Richtlinien (s.Kap.2.5.2) bereitstellen und so den Gestaltungsprozeß unterstützen, leisten einen wichtigen Beitrag, ergonomische Erfahrungen in Konstruktion und Produktionsplanung zu bringen und so die ergonomische Qualität zu erhöhen. Sie sind gut geeignet bei Standardarbeitsplätzen, die geometrischen Aspekte eines Produkt- bzw. Arbeitssystementwurfs können jedoch nur in beschränktem Maß analysiert und bewertet werden, weshalb diese Hilfsmittel bei komplexen Problemen nicht ausreichend sind.

Probandenorientierte Verfahren (s.Kap.2.5.4) sind notwendig, um die abschließende Untersuchung des realisierten Produktes oder Arbeitssystems und die gesamtheitliche Bewertung aller Einflußgrößen zu unterstützen. Die Durchführung der Experimente wird durch rechnergestützter Hilfsmittel vereinfacht, die skizzierten Methoden erfüllen jedoch die Forderung nach früher Berücksichtigung der Ergonomie nicht ausreichend.

Unter den geometrisch orientierten Verfahren (s.Kap.2.5.3) sind die 2D-Zeichenschablonen bewährte Hilfsmittel, die jedoch in komplexeren Problemstellungen nicht genau genug sind und lediglich anthropometrische Aspekte berücksichtigen.

Die existierenden rechnergestützten 3D-Menschmodellsysteme weisen vom Systemkonzept her eine Reihe von Schwachstellen auf (Bild 2-13). Einige Systeme sind **spezialisiert** auf spezifische Anwendungen, für allgemeine Gestaltungsaufgaben im industriellen Umfeld (Montagearbeitsplätze, Maschinengestaltung) sind sie nur eingeschränkt verwendbar. Von den verbleibenden Systemen weist keines die notwendige **flexible Anpaßbarkeit** auf, die der Problemstellung gerecht wird (s.Kap.2.1.3). Zwar sind einige Systeme in der Lage, die anthropometrische Maße des Menschmodells in begrenztem Umfang anzupassen, ein in weiterem Umfang anpaßbares System ist jedoch nicht verfügbar. Es werden meist länderspezifische Verfahren ohne die Möglichkeit zur Anpassung verwendet. Die Anbindung weiterer Verfahren ist bei keinem der bekannten Systeme möglich.

Viele der in der Literatur beschriebenen Hilfsmittel sind auf anthropometrische Aspekte **beschränkte Entwicklungen**, die keine weitergehende Möglichkeit zur Analyse von Belastungen bieten. Weitere Systeme vernachlässigen wichtige Einflußfaktoren der Körperhaltung (s.Kap.5.2), wie z.B. die Greifart oder geometrische Durchdringungen, weshalb die Analysen zu falschen Ergebnissen führen können.

Neben diesen teilweise prototypenhaften Entwicklungen, die nicht die notwendige Genauigkeit für ergonomische Fragestellungen aufweisen, existiert eine zweite Gruppe von Systemen, die vom Konzept her nur **schwer handhabbar** sind. Meist liegt dies an der zeitaufwendigen Variantenerstellung wegen der sehr detaillierten Modellierung des Menschen bei fehlenden Funktionalitäten zur Handhabung des Modells. Viele der Systeme sind nicht in eine technische Entwicklungsumgebung (CAD oder Bewegungssimulation) integriert, wodurch die in der Regel schon im Rechner vorhandenen Produktdaten nicht verwendet werden können.

Bei fast allen skizzierten Systemen sind die Verfahren zur Belastungsanalyse nicht mit der graphischen Darstellung verbunden, es müssen also die aus dem virtuellen Prototypen eigentlich schon bekannten Daten zur Ermittlung der Belastungssituation in ein getrenntes Programm unter derselben Oberfläche nochmals eingegeben werden, was einerseits durch das notwendige Schätzen von Maßen und andererseits durch die fehlende visuelle Kontrolle die Gefahr von Fehlern in sich birgt.

Bild 2-13: Schwachstellen existierender Systeme zur ergonomischen Gestaltung

2.6 Zusammenfassung und Fazit

Bei fast jedem Produkt wirkt sich seine Gestaltung im Laufe des Lebenszyklus auf den Menschen aus. Eine Reihe von Kostenfaktoren (z.B. Krankenstand, Motivation der Arbeitnehmer) lassen sich mit mangelnder ergonomischer Qualität auf betriebs- und volkswirtschaftlicher Ebene in Verbindung bringen. Im konventionellen Vorgehen kann die ergonomische Qualität in der Regel erst spät an einem realen Versuchsaufbau oder an einem ersten Prototypen mit realen Probanden ermittelt werden.

Einen vielversprechenden Ansatz, die ergonomische Qualität schon wesentlich früher zu überprüfen, liefern geometrisch orientierte Hilfsmittel, die es erlauben, Gestalt und teilweise Bewegungsabläufe des Menschen in einen digitalen Produktentwurf zu integrieren und so die menschgerechte Produkt- und Arbeitssystemgestaltung ermöglichen. Für spezielle Bereiche der Arbeitsplatzgestaltung existieren bereits geeignete Systeme. Für die Gestaltung allgemeiner, technischer Produkte und Arbeitssysteme existieren einerseits Systeme, die nur schwer handhabbar sind und andererseits Hilfsmittel, die wegen starker Vereinfachungen ergonomische Aspekte nicht ausreichend berücksichtigen können. Zudem weist keines dieser Systeme die zur Anpassung an die Komplexität und Verschiedenheit der Menschen notwendige Flexibilität auf. Abhilfe kann ein flexibel anpaßbares System schaffen, mit dem Planer alle für ergonomische Belastung relevanten Randbedingungen berücksichtigen können.

3 Konzeption und Systementwurf

3.1 Zielsetzung des Planungssystems

Aus den Schwachstellen der Istsituation lassen sich zwei Hauptziele des Planungssystems ableiten (Bild 3-1), mit denen die ergonomische Qualität von Produkten und Arbeitssystemen erhöht, die Entwicklungszeiten und die Kosten gesenkt werden sollen. Um die Ergonomie zu einem Zeitpunkt zu berücksichtigen, zu dem Variationsmöglichkeiten noch vorhanden sind, muß die ergonomische Bewertung zu einem möglichst frühen Zeitpunkt erfolgen. Das System muß es ermöglichen, alle Randbedingungen zu berücksichtigen. Um den Gestaltungs- und Optimierungsprozeß zu unterstützen und eine möglichst hohe ergonomische Qualität zu erreichen, muß die Überprüfung von alternativen Varianten vereinfacht werden. Das System muß dabei einfach und schnell zu handhaben sein.

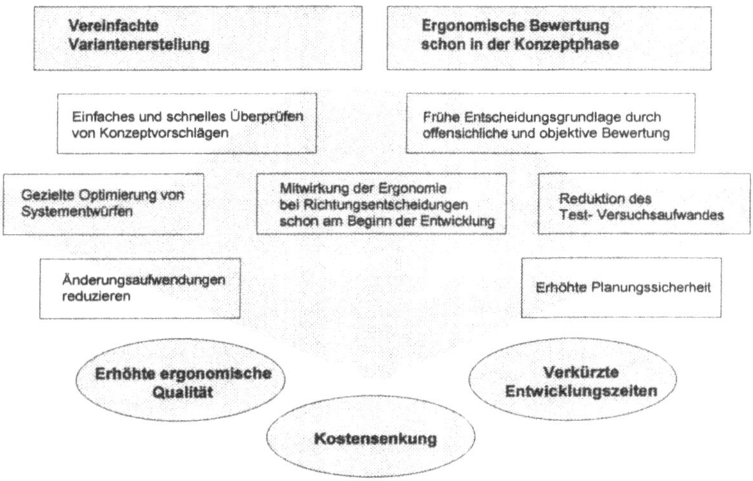

Bild 3-1: Ziele bei der Entwicklung des Planungssystems

3.2 Gesamtkonzeption des Planungssystems

3.2.1 Planungssystematik

Als Ansatzpunkt für die Erhöhung der ergonomischen Qualität von Produkten und Arbeitssystemen wurde in Kapitel 2.4.1 die frühe Berücksichtigung ergonomischer Kriterien hergeleitet. Auf dem zum jeweiligen Zeitpunkt einer Produktentwicklung existierenden Planungsstand muß aufgesetzt werden und eine ergonomische Analyse und Bewertung durchgeführt werden. Da die geometrischen Daten des Produktentwurfs wesentlich die ergonomische Qualität beeinflußen, sollen sie für das Planungssystem im Mittelpunkt stehen. Die *ex ante* - Überprüfung muß frühzeitig begonnen werden und bei allen für die ergonomische Qualität relevanten Änderungen des Produktentwurfs erneut durchgeführt werden (Bild 3-2). Durch die objektive Bewertung des Produktentwurfs soll schnell eine Entscheidungsgrundlage aus ergonomischer Sicht für oder gegen eine Alternative gegeben werden. Auf diese Weise wird der zum jeweiligen Zeitpunkt noch vorhandene Gestaltungsspielraum genutzt (Bild 3-3).

Der Einsatz des zu erstellenden Planungssystems kann anfangs parallel zu der Verwendung von Gestaltungsrichtlinen und wissensorientierten Hilfsmitteln (s.Kap.2.5.2) geschehen, die sich in der Konzeptphase der Planung von Arbeitssy-

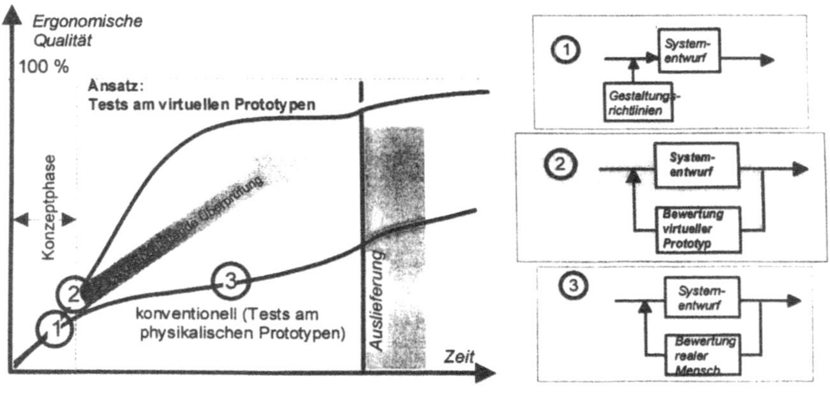

Bild 3-2: Frühe Fehlererkennung durch projektbegleitende Evaluierung

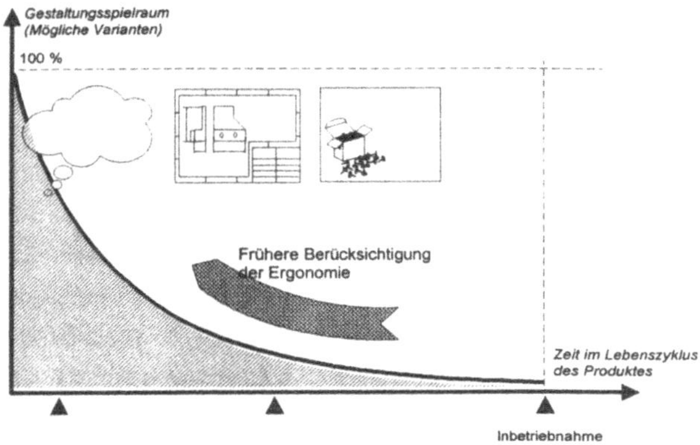

Bild 3-3: Steigender Gestaltungsspielraum durch frühere Berücksichtigung von Ergonomie

stemen bewährt haben. Der aufwendige Aufbau von physikalischen Prototypen (s.Kap.2.4) soll weitgehend entfallen und durch einen Modellaufbau im Rechner ersetzt werden. Mit dem zu entwickelnden rechnergestützten Planungssystem wird eine ausreichend genaue und objektiv nachvollziehbare Aussage über die für Werker beliebiger Volksgruppen auftretenden Belastungen nach den für die jeweilige Zielgruppe am Einsatzort des Produkts bzw. Arbeitssystems gültigen Analyseverfahren getroffen. Alternative Lösungen sollen interaktiv in kurzer Zeit im Planungssystem erarbeitet werden. Auf die abschließende *ex post* - Verifizierung der Ergebnisse am physikalischen Prototypen soll nicht verzichtet werden, da am virtuellen Prototyp die Umgebungsbedingungen des Einsatzortes und die psychologischen Belastungen nicht in toto bewertet werden können. Es wird angestrebt, daß die Anzahl und Schwere der ergonomischen Schwachstellen und Fehler zum Zeitpunkt des abschließenden Feldtests stark reduziert sind und somit im Rahmen des verbleibenden Gestaltungsspielraumes mit geringem Aufwand behoben werden können.

Durch die Überprüfungen des Konzeptes zu einem sehr frühen Zeitpunkt soll die Planungssicherheit gesteigert und die Erfüllung der Projektvorgaben jederzeit kontrollierbar und nachvollziehbar gemacht werden.

3.2.2 Einordnung des Planungssystems

Das in dieser Arbeit entworfene Planungssystem soll die ergonomische Qualität in einer Mikrobetrachtung der Prozeßabläufe überprüfen und verbessern helfen. Dieses Vorgehen muß eingebettet sein in eine entsprechende Makrobetrachtung der für die Ergonomie am jeweiligen Einsatzort relevanten Randbedingungen wie die Einbindung in das technische und soziale Gefüge. Um den allgemeinen Einsatz des Planungssystems in Produkt- und Arbeissystementwicklung zu ermöglichen, soll die **einfache Anwendbarkeit** im Vordergrund stehen. Das ergonomische Wissen des Planers kann nicht durch ein Planungssystem ersetzt werden. Die ergonomischen Verfahren und Daten sollen aber durch die Rechneranwendung für den Planer mit ergonomischen Grundlagenkenntnissen soweit als möglich transparent und einfach anwendbar gemacht werden, um die planmäßige Integration ergonomischer Faktoren in die technische Systemplanung zu erleichtern. Das Planungssystem ist in erster Linie ausgelegt für den Einsatz in der Neuplanung von komplexen, allgemeinen Produkten und Arbeitssystemen (Bild 3-4), da einerseits diese Aufgabe die größten Anforderungen stellt und andererseits dort das Potential zur Verbesserung der ergonomischen Qualität am größten ist.

3.2.3 Planungssystem als integratives Hilfsmittel

Bei der Entwicklung komplexer technischer Systeme sind meist viele Personen (Management, Technische Experten und zukünftige Benutzer des Systems) aus verschiedenen Fachgebieten involviert. Durch den frühen Aufbau eines Prototypen im

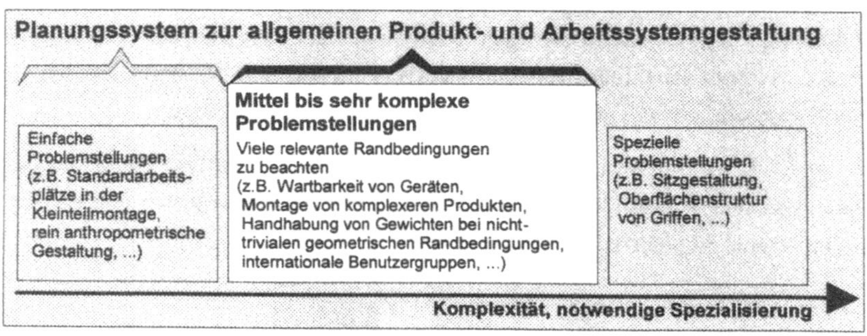

Bild 3-4: Einordnung des Planungssystem

Rechner soll die Konzeptidee und der Entwicklungsfortschritt der Geschäftsleitung und den Planern von Subsystemen visualisiert werden. Alle von der Produktgestaltung im Produktlebenslauf (s.Kap.2.3.1) betroffenen Personen, z.B. Kunden und zukünftigen Nutzer des Produktes mit ihren Erfahrungen des Produkteinsatzes sollen so schon früh mit in den Entwicklungsprozeß einbezogen werden. Durch diese Kundenorientierung kann die ergonomische Qualität gesteigert werden. Der geometrisch orientierte virtuelle Prototyp trägt zu einer klaren, eindeutigen innerbetrieblichen Kommunikation bei und beugt menschlichen Fehlinterpretationen vor. Letztendlich soll durch dieses Planungssystem dazu beigetragen werden, das Bewußtsein für Ergonomie und das ergonomische Know-how schrittweise in andere Fachbereiche zu tragen.

3.3 Anforderungen an das zu entwickelnde Planungssystem

3.3.1 Flexible Anpaßbarkeit des Planungssystems

Das zu erstellende Planungssystem zur ergonomischen Gestaltung, Analyse und Bewertung muß die Randbedingungen der Ergonomie, d.h. die Verschiedenheit der Menschen und die sich aus der Komplexität des Menschen ergebende Vielzahl ergonomischer Daten und Verfahren (s.Kap.2.1.3), berücksichtigen. Die dem Planungssystem zugrundeliegenden Daten (z.B. Körpermaßdaten) sollen an die Problemstellung und an die jeweilige Benutzergruppe, für die gestaltet wird, angepaßt werden können (Bild 3-5), wobei vorhandene Datenbasen genutzt werden sollen. Je mehr Verfahren zur ergonomischen Belastungsanalyse im Planungssystem zur Verfügung stehen, desto mehr Teilaspekte der ergonomischen Belastung können berücksichtigt werden und desto höher wird die Qualität des gestalteten Produktes bzw. Arbeitssystems sein. Im Sinne einer Anpassung an die spezifische Problemstellung des Planers und an zukünftige Entwicklungen muß das System flexibel um beliebige Verfahren zur Belastungsanalyse erweiterbar sein. Eventuell schon vorhandene Rechnerimplementierungen von Belastungsanalysen sollen an das System angebunden werden können.

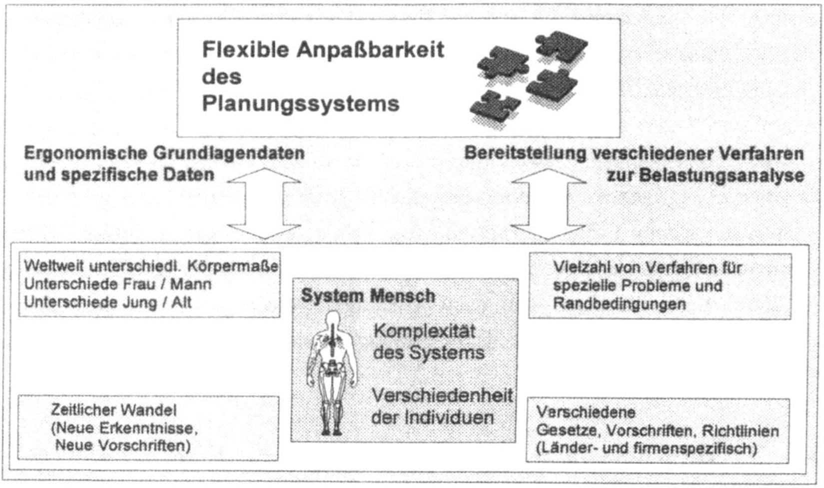

Bild 3-5: Flexible Anpaßbarkeit des Planungssystems

3.3.2 Einfache und schnelle Variantenerstellung und -bewertung

Für die Anwendbarkeit des Planungswerkzeuges in der Praxis ist ein wesentliches Kriterium die Schnelligkeit, mit der die Optimierung des Produkt- bzw. Arbeitssystementwurfs, bestehend aus Variantenerstellung und der anschließenden Variantenbewertung, durchgeführt werden kann. Ein prinzipieller Vorteil des rechnerinternen geometrischen Prototypen ist, daß die Variantenerstellung nicht an physikalische Grenzen gebunden ist und Objekte beliebig im Raum angeordnet werden können. So kann beispielsweise die für den Innenausbau optimale Positionierung eines LKW-Fahrerhauses am Rechnerprototyp schnell überprüft werden, während am physikalischen Prototyp wegen des hohen Gewichtes aufwendige Versuchsaufbauten notwendig sind.

Um den jeweils aktuellen Produktentwurf schnell und interaktiv überprüfen und variieren zu können, ist die Integration eines CAD-Systems bzw. die Koppelung mit einem CAD-System notwendig. Auch Kinematiken, z.B. Verstelleinrichtungen oder Vorrichtungen, müssen als wesentlicher Bestandteil vieler Produkte simuliert werden können.

3.3.3 Weitere Anforderungen

Zur gesamtheitlichen Bewertung eines Produkt- und Arbeitssystementwurfes sind neben ergonomischen Kriterien auch wirtschaftliche und technische Aspekte von Bedeutung. Das zu entwickelnde Planungssystem soll durch die **Integration technischer, wirtschaftlicher und ergonomischer Aspekte** helfen, den im Sinne eines Gesamtoptimums besten Kompromiß zu ermitteln. Für die Wirtschaftlichkeit stellt neben der Ermittlung der Investkosten die Zeit, die zur Ausführung der Arbeitsaufgabe benötigt wird, ein wichtiges Kriterium dar. Voraussetzung für die Übertragbarkeit der im Planungssystem erarbeiteten Ergebnisse auf die Realität ist die **Berücksichtigung aller relevanten Einflußfaktoren** der ergonomischen Belastungssituation (s.Kap.5.2) in der Planungsumgebung.

3.4 Grundstruktur des zu entwickelnden Planungssystems

Die im konventionellen Vorgehen mit Probanden am realen, physikalischen Prototyp durchgeführten Untersuchungen, bei denen eine repräsentative Probandengruppe die Eingangsdaten für eine ergonomische Analyse und Bewertung liefert (s.Kap.2.3.2.3, Bild 2-7), sind das Vorbild für die Vorgehensweise am virtuellen Prototyp.

Zur ergonomischen Überprüfung baut der Planer zunächst ein statisches oder bewegtes, geometrisch orientiertes Modell des zu untersuchenden Arbeitssystems im Rechner auf. Die kinematischen 3D-Menschmodelle der Personengruppe, für die die ergonomische Qualität überprüft werden soll, werden ausgewählt und die Bewegung des Menschen wird simuliert.

Aus diesem virtuellen 3D-Prototyp des auf diese Weise abgebildeten zukünftigen Arbeitssystems werden alle relevanten Daten zur Belastungsanalyse (z.B. Körperhaltungen, Zeitanteile) abgeleitet und die auftretende physische Belastung wird ermittelt. Durch ein iteratives Vorgehen kann der Systementwurf optimiert werden (Bild 3-6). Durch die offene Systemstruktur sollen Daten und Algorithmen zur Erstellung des virtuellen Prototyps von außen angepaßt werden sowie mehrere Verfahren zur Belastungsanalyse an das Planungssystem angebunden werden können (Bild 3-7).

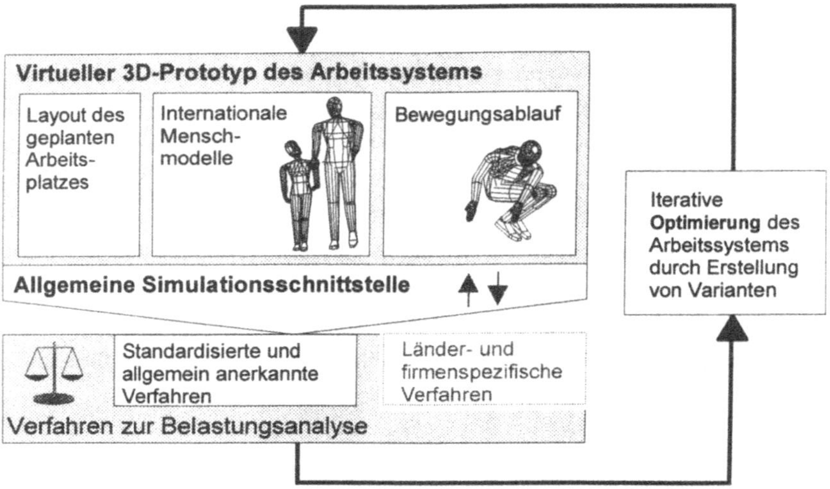

Bild 3-6: Gesamtstruktur des flexibel anpaßbaren Planungssystems

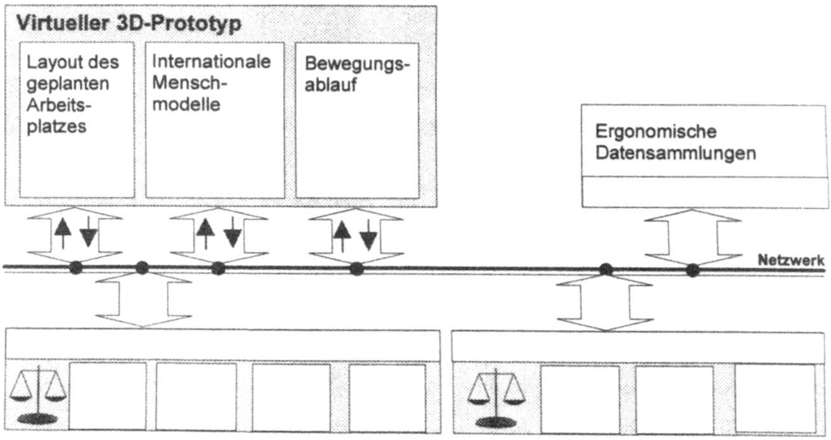

Bild 3-7: Offene Systemstruktur als Grundlage der Anpassung von außen

3.5 Beschreibung der Entwicklungsumgebung

Als Entwicklungsbasis wird das graphische 3D-Bewegungssimulationssystem AnySIM verwendet (Bild 3-8). Dieses System wurde ausgewählt, da die schon realisierten Planungsfunktionalitäten es ermöglichen, wirtschaftliche und technische Aspekte der Arbeitssystemgestaltung zu berücksichtigen. Durch die zusätzliche Einbindung ergonomischer Aspekte kann somit eine komplette Bewertung des Arbeitssystems vorgenommen werden. Es können die Bewegungsabläufe beliebig vieler kinematischer Strukturen (Roboter, Montagebänder, Vorrichtungen, Menschen usw.) simuliert werden. Geometrischen Objekten können Eigenschaften (z.B. Gewichte, Schwerpunkt) zugeordnet werden. Mit Algorithmen zur Kollisionsrechnung können die Nachbarschaftsbeziehungen zwischen den Objekten untersucht werden. Die 40 Gelenkachsen eines kinematischen Menschmodells können innerhalb der Bewegungsgrenzen eingestellt werden und in einem dem Modell zugeordneten Bewegungsablaufprogramm abgespeichert werden. Durch das Ausführen der erstellten Ablaufprogrammsequenz wird ein kontinuierlicher Simulationsablauf möglich. Die Wirtschaftlichkeit manueller Arbeitssysteme kann ermittelt und ein Arbeitsplan des Arbeitsablaufs erstellt werden. Zur Zeitermittlung manueller Tätigkeiten ist ein Verfahren vorbestimmter Zeiten hinterlegt.

AnySIM kann über Techniken der Interprozeßkommunikation (IPC / RPC) *(Bloomer 1992)* mit weiteren Programmen Daten austauschen. Das jeweilige Programm, mit dem Daten ausgetauscht werden, kann auf einem beliebigen RPC-fähigen Rechner laufen. Voraussetzung ist lediglich, daß die Rechner mit einem Netzwerk verbunden sind. Da AnySIM bereits viele benötigte Grundfunktionalitäten besitzt, scheint es als Entwicklungsbasis geeignet.

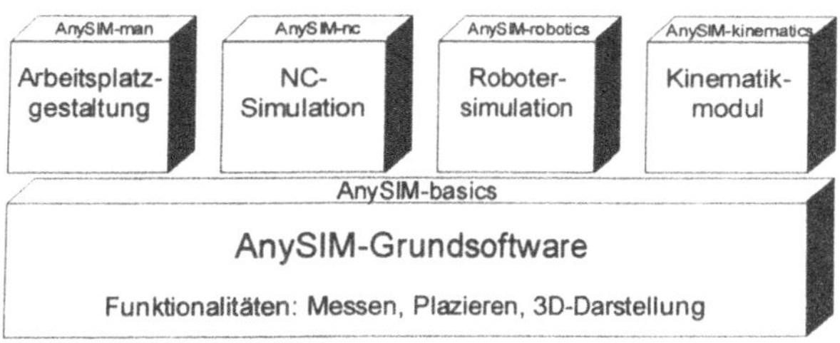

Bild 3-8: Ausgewählte Entwicklungsumgebung

3.6 Notwendige Entwicklungen zur Umsetzung des Konzeptes

Aus dem beschriebenen Grundkonzept des Planungssystems werden die Entwicklungspunkte abgeleitet (Bild 3-9). Zur Umsetzung der flexiblen Anpaßbarkeit (s.Kap.3.3.1) wird eine universell verwendbare Bibliothek von Schnittstellenfunktionen zur Menschsimulation entwickelt. Über diese Schnittstelle sollen die Daten des Menschmodells, die Algorithmen zur Berechnung des Bewegungsablaufs und die Verfahren zur ergonomischer Belastungsanalyse angepaßt werden können. Außerdem sollen alle für die Ergonomie relevanten Daten konsequent aus dem Simulationsmodell abgeleitet und über die Schnittstelle abgefragt werden können. Dadurch kann die wiederholte Generierung von Grunddaten vermieden und sowohl die Variantenbewertung beschleunigt als auch die Fehlerwahrscheinlichkeit verringert werden.

Unter Nutzung der allgemeinen Schnittstelle sollen relevante Funktionalitäten realisiert werden, die Untersuchungen nach dem aktuellen Stand der Ergonomie erlauben:

- Die Weltbevölkerung weist eine große Variationsbreite im Hinblick auf Körpermaße auf. Das zu entwickelnde **parametrisierte Menschmodell** soll in beliebiger Größe erzeugbar sein und verschiedenste internationale Volksgruppen darstellen können.

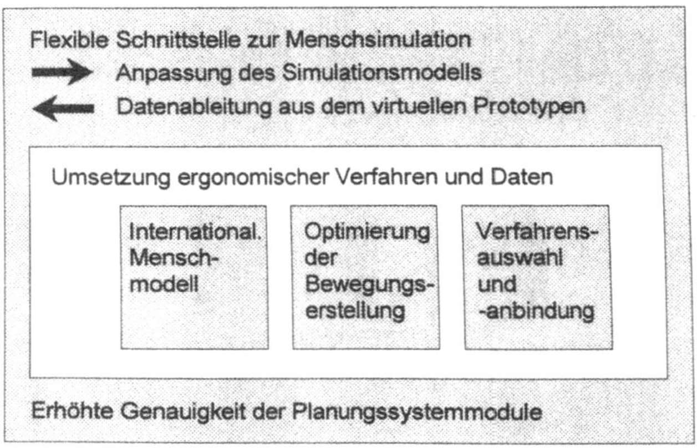

Bild 3-9: Entwicklungsschwerpunkte für die Umsetzung des Grundkonzeptes

- Die in der Entwicklungsbasis verfügbare **Simulation des Bewegungsablaufs** muß zusätzlich mehr relevante Einflußgrößen berücksichtigen und somit die in der Praxis auftretenden komplexen Problemstellungen realistischer abbilden. Es soll über eine automatisierte Greiferkennung die Simulation von beliebigen manuellen Tätigkeiten erleichtert werden. Wesentliche Einflußfaktoren für den Bewegungsablauf wie die Sichtbarkeit von Objekten, mögliche Kollision des Menschen mit Objekten usw. sollen berücksichtigt werden.
- Der vom Planer erstellte virtuelle Prototyp muß mit **Verfahren zur Bewertung der ergonomischen Belastung** analysiert werden. Beispielhaft sollen verschiedene geeignete Verfahren zur Belastungsanalyse ausgewählt und an das System angebunden werden. Die ausgewählten Methoden sollen möglichst viele Aspekte der ergonomischen Belastung abdecken.

Im Ergebnis können durch Ableitung der Daten aus dem simulierten Bewegungsablauf Belastungsanalysen mit Modellen von Personen beliebiger Größe und Nationalität durchgeführt werden.

4 Internationales, parametrisiertes Menschmodell

4.1 Zielsetzung dieses Kapitels

Der Planer eines Produktes oder Arbeitssystems hat schon in der Konzeptionsphase die zukünftige Benutzergruppe zu berücksichtigen. Es soll ein parametrisiertes, flexibel an beliebige, auf internationaler oder Firmenebene existierende anthropometrische Daten anpaßbares, dreidimensionales Menschmodell erarbeitet werden, das den Planer bei der interaktiven ergonomischen Gestaltung unterstützt und das als Grundlage für verschiedene Verfahren zur ergonomischen Analyse dient (Bild 4-1).

Zunächst soll die Eignung anthropometrischer Daten zur Erstellung von dreidimensionalen Menschmodellen unter besonderer Berücksichtigung der Verschiedenartigkeit der Datenbasen näher untersucht werden. Eine geeignete internationale Datenbasis soll ausgewählt und an das System angebunden werden.

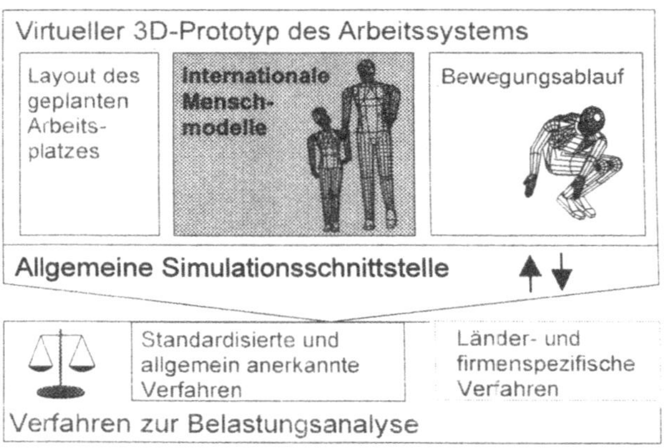

Bild 4-1: Internationales, parametrisiertes Menschmodell als Baustein des flexiblen Planungssystems

4.2 Analyse der Anwendung anthropometrischer Daten

4.2.1 Perzentilierung anthropometrischer Maße

Um die Körpermaße einer Benutzergruppe zu bestimmen, werden diese für eine repräsentative Stichprobe der zu betrachtenden Personen ermittelt. Zur Vermessung des menschlichen Körpers existieren zuverlässige physikalische Meßmethoden. Für die erhobenen Maße, die näherungsweise gemäß einer statistischen Gauß´schen Normalverteilung streuen (*Pheasant 1986*), können Perzentilwerte angegeben werden (Bild 4-2). Ein Perzentilwert gibt an, wieviel Prozent der Menschen in der betrachteten Bevölkerungsgruppe in bezug auf ein bestimmtes Körpermaß kleiner sind als der jeweilige Körpermaßwert (*DIN 33402, Teil 2*). In den meisten anthropometrischen Datensammlungen werden die Werte für das 5., 50. und 95.Perzentil angegeben.

Bei der ergonomischen Gestaltung sind perzentilierte anthropometrische Körpermaßdaten in der Praxis eine erste Hilfestellung, es ergeben sich aber Probleme durch die eindimensionale Betrachtung jedes einzelnen Körpermaßes. Da jedes Maß unabhängig von allen anderen Maßen perzentiliert wird, geht der bestehende Zusammenhang zwischen den verschiedenen Maßen verloren (*Geuß 1994*). Eine Person, die in allen Körpermaßen dem 95.Perzentil entsprechen würde, wäre nicht nur

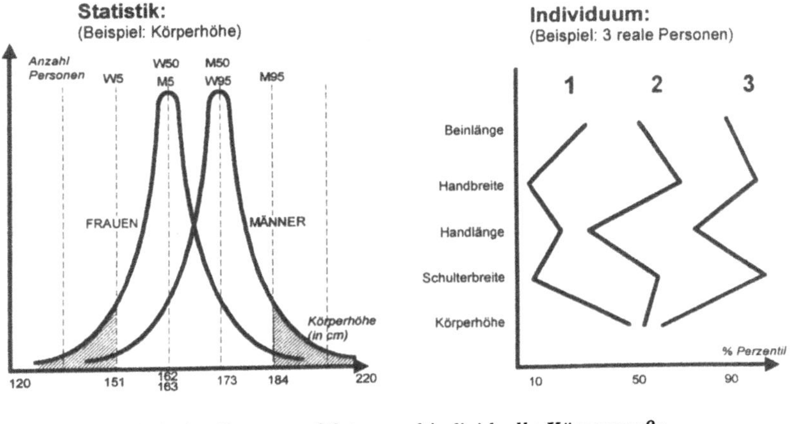

Bild 4-2: Statistische Körpermaßdaten und individuelle Körpermaße

sehr groß, sehr dick und sehr langbeinig, es ergäben sich auch Inkonsistenzen, falls sich ein perzentiliertes Körpermaß als Summe von perzentilierten Einzelmaßen berechnen läßt (*Seidl 1994*). Da perzentilierte Körpermaßdaten rein abstrakte, statistische Größen sind, kann eine reale Person nicht durch eine einzige Perzentilgröße beschrieben werden, sondern zeigt beträchtliche Variationen der einzelnen Körpermaße (Bild 4-2).

4.2.2 Berücksichtigung der Zusammenhänge zwischen Körpermaßen

Die Zusammenhänge zwischen den Körpermaßen, die verschiedene Körperbautypen ergeben, sind in den meisten anthropometrischen Datensammlungen nicht berücksichtigt. Aufgrund einer systematischen Untersuchung der Körpermaße von insgesamt 6111 Versuchspersonen konnte *Geuß (1994)* die je Person erhobenen 108 Körpermaße durch eine Korrelationsanalyse auf wenige Merkmale reduzieren, mit denen sich eine Person gut beschreiben läßt. Die Merkmale Körperhöhe, Korpulenz und Proportion zwischen Rumpf- und Gliedmaßenlängen spannen demnach einen dreidimensionalen Merkmalsraum auf. Nach Bestimmung dieser drei Merkmale lassen sich gute Prognosen über die restlichen Körpermaße einer Person treffen. *Geuß (1995)* schlägt eine nach Geschlechtern getrennte Aufteilung in fünf Körperhöhen- und jeweils drei Korpulenz- und Proportionsgruppen vor, aus der sich insgesamt jeweils 45 Personentypgruppen für Männer und für Frauen ergeben. In dieser Einordnung lassen sich z.B. "Sitzriesen" und "Sitzzwerge" finden.

4.2.3 Vergleichbarkeit und Anwendbarkeit anthropometrischer Daten

Der säkulare Akzelerationstrend, die durchschnittliche Zunahme der Körpermaße, die bei der Körperhöhe pro Jahrzehnt zwischen 1cm und 2cm beträgt (*Jürgens et al. 1989, Schmidtke 1993, Geuß 1994*), muß berücksichtigt werden, wenn Benutzergruppen verschiedenen Alters zu erwarten sind oder zwischen Entwicklungsstart und der geplanten Lebensdauer eines Produktes mehrere Jahrzehnte liegen. Bei der Verwendung verschiedener Datengrundlagen, z.B. bei Gestaltung für eine internationale Benutzergruppe, muß unter anderem beachtet werden, wann die Erhebung der Daten durchgeführt wurde und wie sich der Akzelerationstrend auswirkt. Weiterhin ist zu beachten, wie die jeweiligen Maße definiert sind (z.B. bekleidet oder unbekleidet) und wie repräsentativ die Stichproben waren (*Jürgens et al. 1989*).

4.2.4 Mögliche Personengruppen und relevante Perzentilgrenzen

Wenn die zukünftigen Benutzer eines Produktes oder Arbeitssystems als Individuen nicht bekannt sind, wird bei der ergonomischen Gestaltung meist auf statistische Perzentildaten zurückgegriffen (Bild 4-3). Produkte werden meist für das 5. bis 95.Perzentil ausgelegt. Auf diese Weise werden zwar mehr als 90% der Personen eingeschlossen, aber nur 25% der Variationsbreite des jeweiligen Körpermaßes berücksichtigt *(Lorenz 1989)*. Bei der Festlegung von Sicherheitsbereichen ist dieses Vorgehen nicht ausreichend und eine Grenzziehung vom 1. bis zum 99.Perzentil zu bevorzugen (*Schmidtke 1993*). Bei der sicherheitsgerechten Gestaltung vieler technischer Erzeugnisse müssen auch die Körpermaße von Kindern berücksichtigt werden (*DIN 31001*). Bei Gegenständen, die preisgünstig sein sollen, aber nur selten in Benutzung sind, ist manchmal eine Grenze vom 10. oder 20.Perzentil bis zum 80. oder 90.Perzentil aus Kostengründen zu bevorzugen (*Schmidtke 1993*).

Für die Gestaltung können je nach Anwendungsfall verschiedene Personengruppen relevant sein (Bild 4-3). Bei Produkten mit internationaler Verwendung oder mit Einsatz in einem Land mit ethnisch gemischter Bevölkerung (USA, Australien, Hongkong) sind über die zukünftigen Anwender häufig generell keine Aussagen zu machen. Die Körpermaße variieren international beträchtlich (Bild 4-4), so daß die günstige Auslegung für Anwender unterschiedlicher ethnischer Herkunft eine

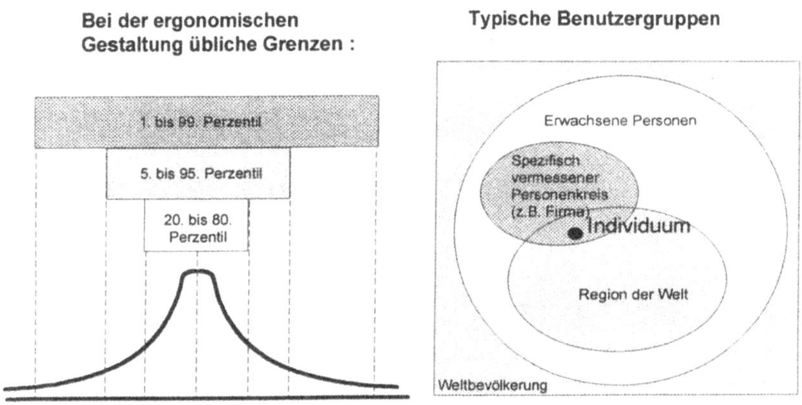

Bild 4-3: Mögliche relevante Personengruppen für die ergonomische Gestaltung

schwierige Aufgabe darstellt. *Abeysekera (1987)* stellte fest, daß eine Maschinengestaltung, die für 90% der britischen Bevölkerung geeignet ist, nur für 43% der japanischen und 13% der vietnamesischen Bevölkerung ausreichend gut geeignet ist. In einigen Fällen kann aufgrund der Region der Produktanwendung oder der ethnischen Abstammung der Benutzer (z.B. Variante für asiatischen Markt) die Zielgruppe eingeschränkt werden. Falls genauere Informationen über die Personengruppe vorliegen (z.B. Körpermaße der Arbeitnehmer eines Produktionsbetriebes), kann die Gestaltungsaufgabe für den Planer erleichtert werden. Es gibt weiter ergonomische Gestaltungsaufgaben, bei denen ein Produkt speziell für ein Individuum ausgelegt werden soll. Hierzu gehören beispielsweise Sonderanfertigungen von Arbeitsplätzen bei körperlichen Behinderungen.

	International kleinstes Körpermaß (W5)	International größtes Körpermaß (M95)	**Differenz [cm]**	**Differenz [%]**
Körperhöhe	**139 cm** (Südindien)	**191 cm** (Nordeuropa)	**52 cm**	**37 %**
Reichweite (Fingerspitze)	67 cm (Lateinamerika)	95 cm (Südostafrika)	**28 cm**	**48 %**
Handlänge	14 cm (Japan)	21,5 cm (Spanien/ Portugal)	**7,5 cm**	**54 %**

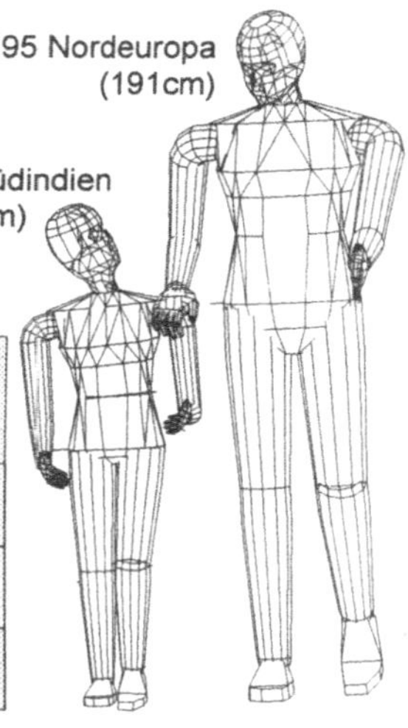

Bild 4-4: Internationale Variation der Körpermaße (Daten aus Jürgens et al. 1989)

4.3 Analyse des existierenden Menschmodells

Das in der Entwicklungsumgebung verfügbare Menschmodell (*Pfrang 1990*) ist von der kinematischen Struktur her prinzipiell geeignet, die Zielsetzung zu erfüllen. Das Handmodell allerdings ist aufgrund seiner Beschränkung auf drei Achsen (Bild 4-5) für ergonomische Untersuchungen nicht detailliert genug, da der Einflußfaktor Greifart nicht ausreichend berücksichtigt werden kann. Die Gelenkbeweglichkeit ist auf einen festen Wert gesetzt und kann nur durch Änderung des Kinematikmodells angepaßt werden. Auswirkung von Bewegungseinschränkungen (im Rahmen der menschlichen Verschiedenheit, durch altersbedingte bzw. andere Behinderungen oder durch das Tragen von Schutzkleidung) auf die Erreichbarkeit sind daher schwer zu überprüfen.

Die getroffene Beschränkung auf 6 Größen (5., 50. und 95.Körperhöhenperzentil jeweils weiblich und männlich) nach einer der Datenreihen der *DIN 33402, Teil 2* ist, wie in Kap.4.2.4 gezeigt wurde, für viele ergonomische Anwendungsfälle nicht ausreichend. Die willkürlich getroffenen Annahmen über die Dickenmaße zur jeweiligen Körperhöhe führen zu einer weiteren Einschränkung der Anwendbarkeit der Modelle für ergonomische Untersuchungen. Die weiblichen und männlichen Modelle sind optisch nicht zu unterscheiden.

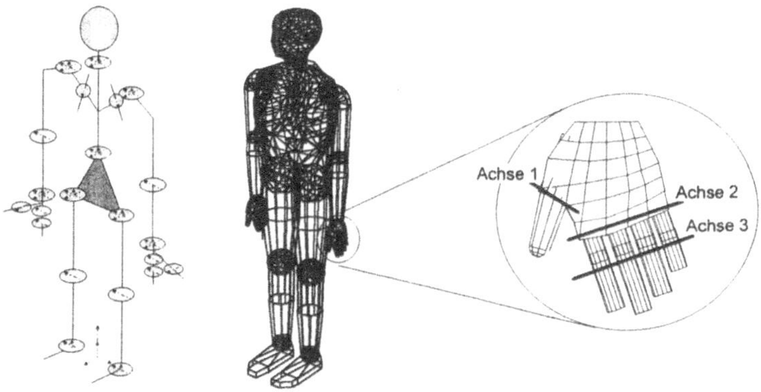

Bild 4-5: Kinematisches Menschmodell in AnySIM-man / COSIMAN (Pfrang 1990)

4.4 Anforderungen an das zu entwickelnde Modell

Aus der übergeordneten Zielsetzung ergeben sich eine Reihe von Anforderungen an das zu entwickelnde Menschmodell (Bild 4-6). Im Sinne der umfassenden Einsetzbarkeit des Planungswerkzeuges soll das Menschmodell flexibel an verschiedene Datenquellen anpaßbar sein. Das Modell soll in beliebigen Größen darstellbar sein, um die im jeweiligen Anwendungsfall relevante Personengruppe zu simulieren.

Die Achszahl der Kinematikstruktur wird im wesentlichen durch den Anwendungsbereich des Planungssystems vorgegeben und durch eine Abwägung zwischen Handhabbarkeit und Genauigkeit bestimmt. Wegen der Forderung nach interaktiver Bedienung muß eine einfache Handhabbarkeit mit möglichst wenig Freiheitsgraden des Modells sichergestellt werden. Im Sinne einer möglichst hohen Genauigkeit bei der ergonomischen Analyse muß eine Mindestdetaillierung zur Berücksichtigung der wesentlichen geometrischen Randbedingungen zur Verfügung stehen. Die Körpermaße des Menschen variieren täglich in der Größenordnung von 1% (*Corlett & Eklund 1986, Seidl 1994*). Die notwendige Maßgenauigkeit der Modellierung wird durch diesen Wert bestimmt.

Um auch den Einsatz zur Visualisierung und Kommunikation zu erleichtern (s.Kap.3.2.3), ist eine realistische und optisch ansprechende Modellierung der Geometrien, mindestens mit Unterscheidungsmöglichkeit der Geschlechter, notwendig.

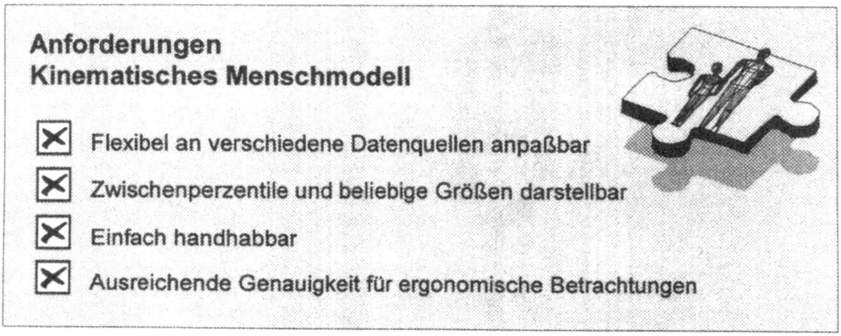

Bild 4-6: Anforderungen an das parametrisierte Menschmodell

4.5 Konzeption des flexibel anpaßbaren Menschmodells

Zunächst soll ein kinematisches und geometrisches Referenzmenschmodell erstellt werden, das auf dem in der Entwicklungsumgebung existierenden Modell (s. Kap.4.3) basiert und in seiner Beweglichkeit erweitert sein soll. Dieses Referenzmodell dient als Grundlage für die Erzeugung der Menschmodelle in beliebigen Größen. Zur Erzeugung eines dreidimensionalen Modells des Menschen in einer bestimmten Größe mit einer gegebenen Beweglichkeit werden die Maße des Referenzmodells über eine allgemeine Simulationsschnittstelle variiert (Bild 4-7). Dazu sind eine Vielzahl von Kinematik- und Geometriemaßen erforderlich. Die Definition dieser Maße ergibt sich aus den Anforderungen der dreidimensionalen Modellierung und ist zunächst unabhängig von den in der Anthropometrie üblichen Meßstrecken, deren Definition sich meist aus den praktischen Erfordernissen der Meßtechnik ergibt (*Schmidtke 1993*).

Zur Konvertierung der in der jeweilig verwendeten anthropometrischen Daten-

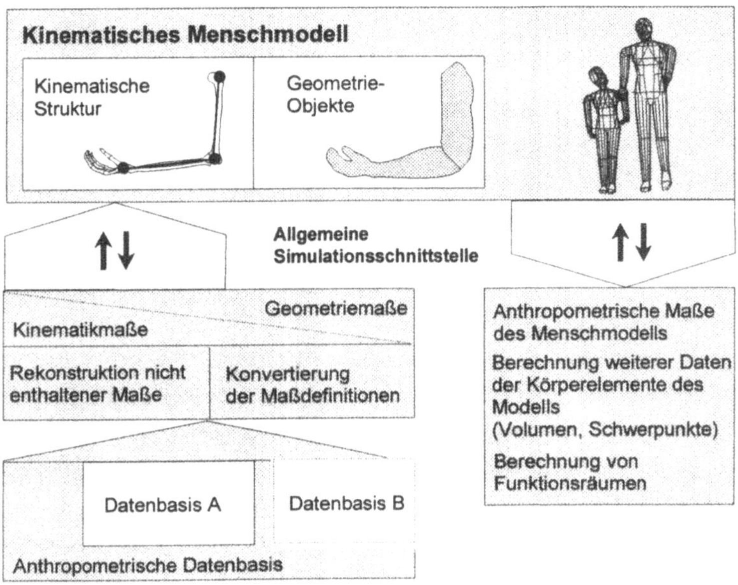

Bild 4-7: Konzeption der Generierung des kinematischen Menschmodells

sammlung gegebenen Maße in die Definition der allgemeinen Simulationsschnittstelle ist eine Umrechnung notwendig. Die Umrechnung muß jeweils spezifisch an die Meßverfahren und Meßpunktdefinition der verwendeten Körpermaßuntersuchung angepaßt werden, da die Meßmethoden trotz der Bemühungen zur internationalen Vereinheitlichung teilweise erhebliche Unterschiede aufweisen (*Jürgens et al. 1989*). Viele der zum Aufbau des dreidimensionalen Modells benötigten Maße fehlen in den meisten anthropometrischen Datensammlungen und müssen aus den gegebenen Maßen rekonstruiert werden. Über die allgemeine Simulationsschnittstelle können relevante Daten des generierten Menschmodells, z.B. Körpermaße nach Definition der *DIN 33402 Teil 1*, ausgegeben werden.

Dieses Konzept wird im folgenden beispielhaft anhand eines für allgemeine Arbeitssystemgestaltungsaufgaben geeigneten Referenzmodells durchgeführt, ist jedoch unabhängig von Achszahl und Modellierung. Bei einer Änderung der Achszahl muß lediglich das Referenzmodell angepaßt werden.

4.6 Realisierung der Grundstruktur des Menschmodells

4.6.1 Integration eines detaillierten Handmodells

Für die Analyse der ergonomischen Situation ist die detaillierte Nachbildung von Greifvorgängen unerläßlich (s.Kap.5.2.2). In den meisten anthropometrischen Quellen (*DIN 33402 Teil 2, Jürgens et al. 1989*) sind die für die menschliche Hand vorhandenen Daten nicht ausreichend zur vollständigen 3D-Modellierung von Kinematikstruktur und Geometrie. Eine geeignete Datengrundlage liefert *Buchholz (1992)*. Die Strukturmaße der menschlichen Hand sind hier bezogen auf die Grundmaße Handlänge und Handbreite, die in fast allen anthropometrischen Datensammlungen zu finden sind. Die reale menschliche Hand hat 27 Knochen und über 30 Muskeln *(Fick 1904)*. Damit ergeben sich weit mehr als 20 Freiheitsgrade für jede Hand. Um das Modell der Hand noch einfach beherrschen zu können, werden pro Hand, die drei Freiheitsgrade des Handgelenks nicht mitgerechnet, 11 Freiheitsgrade modelliert (Bild 4-8). Das vorderste (distale) Fingergelenk wird wegen der geringen Beweglichkeit nicht als eigene Achse abgebildet. Da der Daumen bei Greifbewegungen eine Schlüsselrolle einnimmt, wird seine Beweglichkeit durch 3 Gelenke modelliert. Daß diese Feinheit der Modellierung in den meisten Fällen aus-

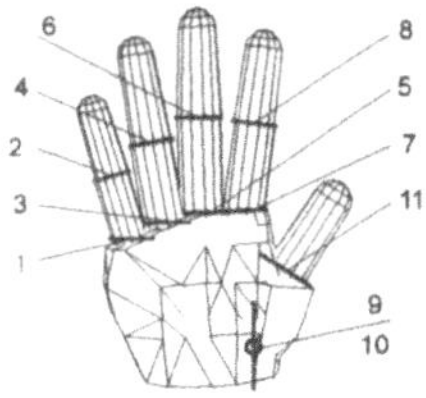

Bewegungsumfang der Gelenke der Hand

Achsen-Nr.	Bezeichnung	Kapandji84		John92		Lanz59		Boyes70		Schmidt92		Sachse76		Entspannte Lage Garret71			Gewählt n. John92	
		min	max	min	max	min	max	min	max	min	max	min	max	5	50	95	min	max
1	KF-Grundgelenk	-40	90	-30	90	0	110	0	90	x	x	-30	110	129	143	155	0	90
2	KF-Mittelgelenk	0	135	0	100	0	130	0	105	x	x	0	120	116	134	155	0	100
3	RF-Grundgelenk	-40	90	-30	90	0	110	0	90	x	x	-30	110	129	143	155	0	90
4	RF-Mittelgelenk	0	135	0	100	0	130	0	105	x	x	0	120	106	125	140	0	100
5	MF-Grundgelenk	-40	90	-30	90	0	110	0	90	x	x	-30	110	129	143	155	0	90
6	MF-Mittelgelenk	0	135	0	100	0	130	0	105	x	x	0	120	108	130	150	0	100
7	ZF-Grundgelenk	-40	90	-30	90	0	110	0	90	x	x	-30	110	129	143	155	0	90
8	ZF-Mittelgelenk	0	135	0	100	0	130	0	105	x	x	0	120	125	140	155	0	100
9	Daumen Repo./Oppo.	-35*	25*	-20	90	0**	60**	x	x	x	x	x	x	x	x	x	0	90
10	Daumen Add./Abd.	0***	70***	0	60	0***	40***	x	x	0****	70****	x	x	x	x	x	0	35
11	Daumen Endgelenk	-10	80	0	60	x	x	x	x	25	90	x	x	x	x	x	0	60

Bemerkung: Hier nur Angabe der Maximalwerte
* spezielle Definition der Bewegungen
** reine Drehung um Repositions- / Oppositionsachse
*** reine Abduktion / Adduktion
**** Flexions- / Extensionsbewegung (nicht genau definiert)

Bild 4-8: Modell der menschlichen Hand mit 11 Freiheitsgraden

reichend ist und wie genau damit Grifftypen nachgebildet werden können, wird in Kap.5.7.2 gezeigt. In der Literatur finden sich verschiedene Angaben über die Grenzwinkel der Handachsen (*Lanz & Wachsmuth 1959, Boyes 1970, Garret 1971, Sachse 1976, Kapandji 1984, John et al. 1992, Schmidt & Lanz 1992*). Die im Referenzmodell festgelegten Achsgrenzwinkel wurden nach den Angaben in *John u.a 1992* modelliert (Bild 4-8), da die dort gezeigten funktionellen Grenzwinkel eindeutig und exakt definiert und direkt auf das Kinematikmodell übertragbar sind.

4.6.2 Kinematikstruktur des Referenzmodells

4.6.2.1 Kinematische Struktur des Gesamtmodells

Im Menschmodell stehen nach der Integration des detaillierten Handmodells insgesamt 60 Achsen zur Nachbildung der Bewegungen des Menschen zur Verfügung *(Geyer 1995)*. Die 24 beweglichen Wirbelkörper werden für das Referenzmodell nicht einzeln betrachtet, sondern durch drei Achsen dargestellt, da die Bewegung stark gekoppelt ist und dies für die meisten bekannten Verfahren zur Belastungsanalyse (s.Kap.6.5) ausreichend ist. Für spezielle Anwendungen (z.B. Sitzgestaltung oder biomechanische Versuche) ist diese Modellierung nicht detailliert genug und kann später auf mehr Gelenke ausgeweitet werden, *Seidl (1994)* beispielsweise schlägt sechs Gelenke vor.

Die Achsrichtungen werden nach *DIN 33408, Teil 1* so eingestellt, daß alle zum Körper hinführenden Bewegungen positives Vorzeichen besitzen. Die Achsgrenzwerte sind auf Werte aus der medizinischen und biomechanischen Literatur voreingestellt (Quellen in *Pfrang 1990*). Als Nullstellung der einzelnen Gelenke wird die aus der Medizin bekannte Neutral-Stellung verwendet, die ein aufrechtstehender Mensch mit hängenden Armen und nach vorn zeigenden Daumen sowie mit geschlossenen Beinen mit parallel stehenden Füßen einnimmt (*MSD 1987*).

4.6.2.2 Idealisierungen im kinematischen Modell

Das kinematische Modell bildet den Skelett- und Stützapparat des Menschen nach und umfaßt sowohl statische als auch dynamische Maße. Für ein im Rahmen der geforderten interaktiven Bedienbarkeit des Modells handhabbares Modell werden im Referenzmodell Idealisierungen getroffen. Es wird davon ausgegangen, daß einerseits die Ungenauigkeiten durch die Verwendung statistischer Daten wesentlich größer sind als die Unterschiede der Ergebnisse durch diese Idealisierungen und andererseits die Vereinfachungen im Rahmen der geforderten Genauigkeit liegen. Es wird angenommen, daß die Achsrichtungen und die Drehpunkte der Körpergelenke fest definiert sind. Alle Achsübergänge werden starr modelliert, das heißt, in den Gelenken vorhandene Elastizität und die elastischen Verformungen der Knochen werden vernachlässigt. Außerdem werden die in fast allen Gelenken mehr oder weniger vorhandenen Abhängigkeiten der Achsbewegungen in erster Näherung vernachlässigt. Über die allgemeine Simulationsschnittstelle kann diese idealisierte Modellierung angepaßt und verfeinert werden (s.Kap.4.7.3).

4.6.3 Geometrieobjekte

In die erstellte Struktur des Kinematikmodells werden Geometrien eingebunden. Die Modellierung der geometrischen Form des Körpergewebes ist notwendig, da durch deren Abmessungen Restriktionen für die möglichen Bewegungen des Menschen festgelegt werden. Die Geometrieobjekte werden als Starrkörper modelliert, da so eine rechenintensive Berechnung der Außenhaut vermieden wird und ein schnelles, graphisch interaktives Bewegen des Modells mit voller Nutzung der erforderlichen Funktionalitäten (z.B. Kollisionsüberprüfung) möglich ist. Form und Abmessungen müssen mit der vorgegebenen kinematischen Struktur konsistent sein und optisch die Anforderungen an eine realistische Darstellung erfüllen. Durch die Bewegung der Achsen können sich am Modell Spalte öffnen, was durch geschickte Gestaltung der Starrkörper verhindert werden kann und muß.

4.7 Anpassung der Maße der Grundstruktur über die Simulationsschnittstelle

4.7.1 Mathematische Grundlagen zur Beschreibung und Manipulation der Maße der Kinematikstruktur

Um basierend auf der beschriebenen Grundstruktur über die Simulationsschnittstelle eine beliebige Menschmodellgröße zu erzeugen, muß zur eindeutigen Spezifikation der gewünschten Größen eine geeignete Konvention festgelegt werden. Diese Spezifikation als Grundlage einer flexiblen Anpassung muß auch dazu geeignet sein, die Referenzsysteme der Geometrien eindeutig zu bestimmen.

Zur mathematischen Beschreibung von kinematischen Strukturen hat sich die von *Denavit & Hartenberg (1955)* entwickelte Konvention (im folgenden DH-Notation) bewährt und allgemein durchgesetzt (*Heiß 1986, Tauber 1990, Raikova 1992*). Ein Gelenkübergang kann demnach durch vier elementare (DH-) Parameter (δ, h, l und α) vollständig und eindeutig beschrieben werden (Bild 4-9). Jeweils ein Gelenkübergang entspricht einem Freiheitsgrad des Mechanismus. Ein Kugelgelenk mit drei Freiheitsgraden besteht aus drei unmittelbar aufeinanderfolgenden Gelenkübergängen, deren Achsen senkrecht aufeinander stehen. Der physiologische Gelenkpunkt eines Kugelgelenks liegt am Schnittpunkt der drei aufeinanderfolgen-

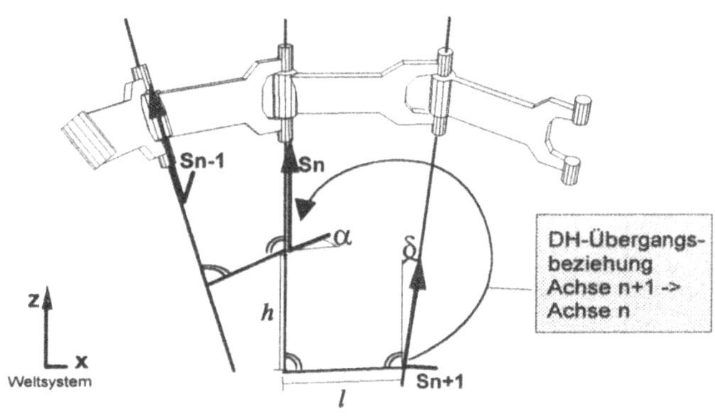

Bild 4-9: Eindeutige Beschreibung eines Gelenkübergangs nach Denavit & Hartenberg (1955)

den Achsen. Für eine ausführlichere Beschreibung sei auf die Literatur (*Pfeiffer & Reithmeier 1987, Wloka 1992*) verwiesen.

4.7.2 Vorgehen bei der flexiblen Anpassung der Grundstruktur

Das Referenzmenschmodell soll entsprechend der über die allgemeine Simulationsschnittstelle vorgegebenen Körpermaßdaten dynamisch angepaßt werden. Zur Laufzeit sollen die DH-Parameter des Kinematikmodells, das heißt Achsrichtungen und Achsabstände, sowie die Gelenkgrenzen verändert werden. Die Maße der in die Kinematik eingebundenen Geometrien müssen zunächst an die veränderte Kinematikstruktur angepaßt werden und sollen zusätzlich im Rahmen der verbleibenden Freiheitsgrade verändert werden können. Beim Geometrieobjekt Unterarm beispielsweise wird durch Setzen der DH-Parameter der Achsabstand Ellenbogen-Handgelenk festgelegt, der Unterarmumfang verbleibt als zusätzlicher Freiheitsgrad.

Jede Geometrie ist bezüglich eines festen Erzeugungssystems definiert. Durch die Kinematikstruktur sind lediglich unendlich lange Achsen mit Lage und Richtung bekannt. Die Relativlagen der Geometrien bezüglich dieser Achsen, das heißt die jeweils verbleibenden zwei Freiheitsgrade, müssen durch mindestens eine zusätzliche Übergangsbeziehung definiert werden (Bild 4-10). Für die dynamische Veränderung der Größe der Geometrien werden verschiedene Vorgehensweisen vorgesehen. Um die einfache zentrische Streckung einer Geometrie zu ermöglichen, muß zusätzlich die Übergangsbeziehung vom Streckungskoordinatensystem zum DH-System spezifiziert werden.

Es ist hilfreich, Teilstrukturen (wie das Handmodell) als Gesamtheit, bestehend aus Kinematik und Geometrien, durch die Vorgabe einer Skalierungsvorschrift anzupassen. Die Angabe einer Größenvorschrift für jedes Einzelteil ist damit nicht notwendig. Über die allgemeine Schnittstelle wird in diesem Fall das Wurzelobjekt des Teilmodells, ein Referenzsystem für die Skalierung und je ein Faktor für jede Koordinatenrichtung vorgegeben. Auf diese Weise kann beispielsweise eine proportionale Veränderung der Handkinematik wie auch eine proportionale Variation des gesamten Menschmodells erreicht werden.

Auf Basis dieser Grundfunktionalitäten erfolgt die Umsetzung im Planungsystem für den allgemeinen Anwender. Bei der Anpassung wird ausgegangen von dem in Ki-

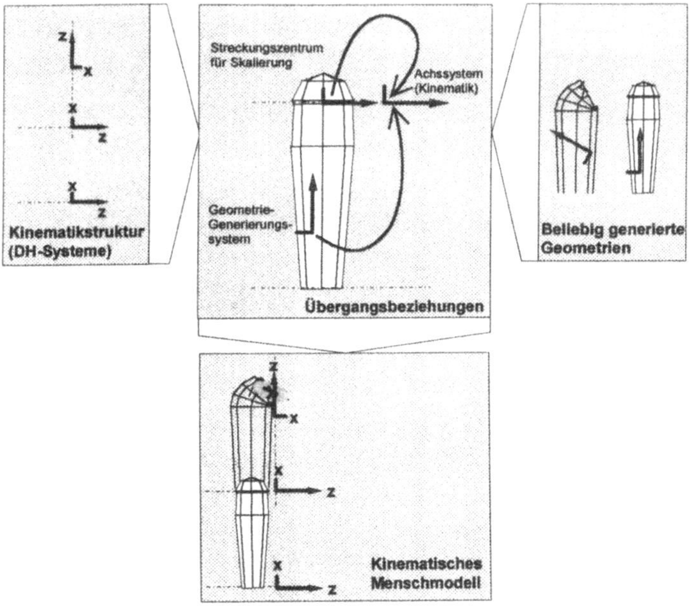

Bild 4-10: Koppelung von kinematischer und geometrischer Information

nematik- und Geometriedateien abgelegten Referenzmodell des Menschen mit Achsreihenfolgen, Achsrichtungen, Achsabständen und voreingestellten Gelenkgrenzwinkeln sowie der geometrischen Form der Körperteile (Bild 4-11). Beim Laden wird das Modell an die jeweilig gewünschten Körpermaße angepaßt.

4.7.3 Schnittstellenfunktionen zur Anpassung der kinematischen Struktur

Eingabeparameter der Schnittstellenfunktion zur Veränderung der kinematischen Struktur, das heißt der Achsrichtungen und Achsabstände des Menschmodells, ist eine Liste der gewünschten DH-Parametern (δ, h, l und α) aller Achsübergänge der Kinematik.

Der Bewegungsfreiraum der einzelnen Gelenke wird beeinflußt von der Form der Gelenkflächen, von Berührung des Gewebes und von der Spannung der umgebenden Struktur wie Kapseln, Knochen, Muskeln oder Sehnen. Wie alle menschlichen Ei-

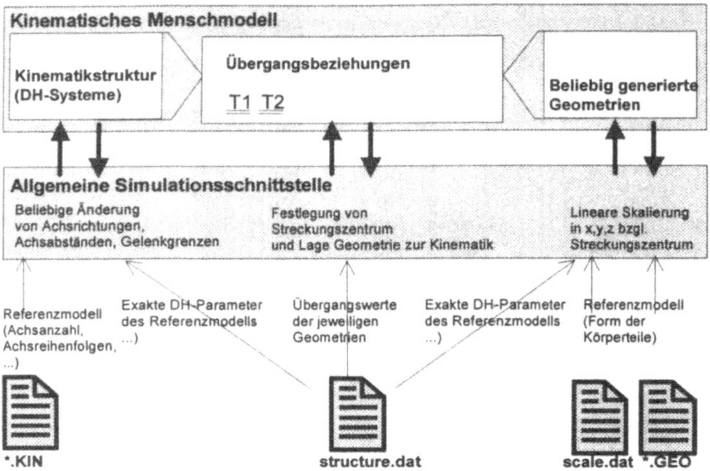

Bild 4-11: Systemarchitektur für die Anpassung des kinematischen Menschmodells

genschaften weisen auch die Achsgrenzwinkel eine erhebliche Streubreite auf (*Pheasant 1986*). Mit wenigen Ausnahmen sind die in der Literatur angegebenen Gelenkbereiche nicht perzentiliert (*DIN 33408 Teil 1*, *Tsotis 1987*). Mit einer Schnittstellenfunktion können die Minimal- und die Maximalwerte der Kinematikachsen des aktuellen Modells festgelegt werden, auch um auf diese Weise Bewegungseinschränkungen von Personen mit Behinderungen zu berücksichtigen.

Einige Gelenke des Menschen weisen eine Abhängigkeit der Gelenkgrenzen von der Stellung anderer Gelenke auf, ein Beispiel ist die Flexion der Hüfte, die wesentlich größer ist, wenn das Knie gebeugt ist (*Bubb & Kain 1986*). Bei einigen Gelenken wird durch eine konservative Annahme der Gelenkgrenzen eine unzulässige Bewegung verhindert. Zusätzlich können einfache Abhängigkeiten über einen Polynomansatz in einer weiteren Schnittstellenfunktion spezifiziert werden. Bei unzulässigen Kombinationen erfolgt eine Warnung.

4.7.4 Anpassung der geometrischen Struktur

4.7.4.1 Referenzsysteme der Geometrieobjekte

Durch die kinematische Struktur sind die wesentlichen Grundmaße des Menschmodells festgelegt. Die Geometrieobjekte werden fest mit dem beweglichen Teil des jeweiligen Gelenks verbunden. Zur Spezifikation der Lage des jeweiligen Geometrieobjektes auf der Achse muß zur flexiblen Anpassung über die allgemeine Schnittstelle eine eindeutige Konvention vorliegen. Die Vorgabe der durch die DH-Parameter bestimmten Übergangsbeziehungen liefert in einigen Fällen mehrdeutige Referenzsysteme. Die Grundidee besteht nun darin, aus der DH-Notation eine eindeutige Definition der Achssysteme zu entwickeln, d.h. jeder Kinematikstruktur genau einen Satz von Achssystemen zuzuordnen.

Die Durchführung der vier elementaren Transformationen nach der DH-Notation (s.Kap.4.7.1) ordnet jedem Achsübergang eine Koordinatentransformation zu. In jeder Achse wird ein Achssystem definiert, dessen z-Achse in die mathematisch positive Drehrichtung der Achse zeigt (Bild 4-9). Es gibt einige Sonderfälle, in denen für einen Achsübergang das Achssystem nicht eindeutig festgelegt ist *(Wloka 1992)*. Eine eindeutige Festlegung der Achssysteme wird durch folgende Vereinbarungen erreicht:

1) Bei einem Achsübergang mit $\alpha=0$, d.h. mit parallelen Achsen, ist die Lage des Systems entlang der Achse, d.h. der Wert von h frei wählbar. In diesem Fall wird $h=0$ gesetzt. Sind zwei aufeinanderfolgende Achsen identisch ($\alpha=0$ und $l=0$), führt diese Vereinbarung zu identischen Achssystemen.

2) Bei einem Achsübergang mit $l=0$, d.h. mit sich schneidenen Achsen, existieren zwei Alternativen für die Richtung der x-Achse. Die Richtung wird in diesem Fall durch das Kreuzprodukt der Richtungsvektoren der beiden Achsen $(\underline{r}_n \times \underline{r}_{n+1})$ festgelegt.

3) Das Achssystem der ersten Achse wird unter Beachtung obiger Regeln bezüglich des Basiskoordinatensystem der Gesamtkinematik bestimmt.

Die durch diese Konvention aus der DH-Beschreibung der Achsstruktur eindeutig ableitbaren Achssysteme werden als Bezugskoordinatensysteme für die Übergangsbeziehungen (Bild 4-10) zur Plazierung der Geometrien verwendet.

4.7.4.2 Generierung von Geometrieobjekten

Zur Einpassung und Variation der Geometrien müssen mehrere Möglichkeiten vorgesehen werden. Über eine Schnittstellenfunktion soll die Sohngeometrie einer Achse im einfachsten Fall beliebig in drei Achsrichtungen linear bezüglich eines Streckungsbezugssystem skaliert und anschließend transliert und rotiert werden (Bild 4-10). Für die realistische Anpassung der Geometrien an beliebige anthropometrische Maße ist die lineare Skalierung nicht immer ausreichend. Daher wird die Möglichkeit geschaffen, über eine Schnittstellenfunktion eine Geometrie durch Querschnittsinformationen zu spezifizieren (Bild 4-12). Aus mehreren Querschnitten werden automatisch Volumenobjekte aufgebaut. So kann sowohl eine Änderung der Größe als auch der Form der Geometrie erfolgen. Auf diese Weise kann auch die Verformung und Verschiebung des Muskel- und Fettgewebes, beispielsweise beim Sitzen, nachgebildet werden. Über eine weitere Schnittstellenfunktion können die Farbinformationen der Einzelgeometrien gesetzt werden, zum Beispiel um die ethnische Herkunft einer Person plakativ zu visualisieren.

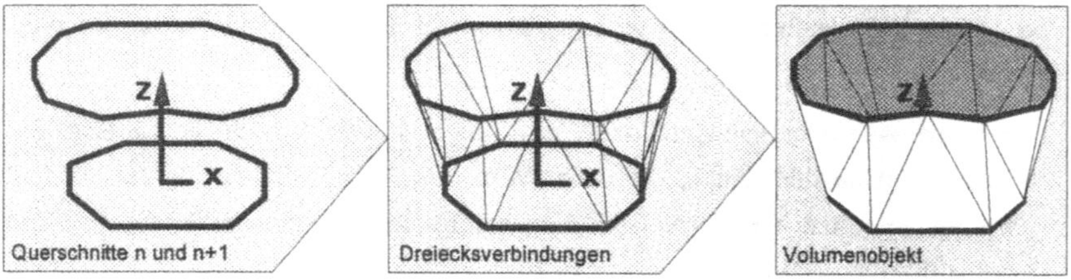

Bild 4-12: Aufbau der Geometrien aus Querschnittsinformation (Bsp. Rumpfgeometrie)

4.8 Ermittlung von Kenndaten des erzeugten Menschmodells

4.8.1 Berechnung anthropometrischer Maße

Um nach der Durchführung einer ergonomischen Untersuchung zu dokumentieren, für welche Menschmodellgröße die Ergebnisse ermittelt wurden, können über

Schnittstellenfunktionen die jeweils aktuell gültigen DH-Parameter der Kinematikstruktur bestimmt werden, woraus alle Achsabstände direkt abgelesen werden können. Zusätzlich können die Grenzwinkel aller Achsen bei einer bestimmten Achswinkelkombination abgefragt werden. Die reinen Achsabstände stehen für ergonomische Fragestellungen meist nicht im Vordergrund, daher können die jeweils aktuell eingestellten anthropometrischen Körpermaße des Menschmodells automatisch berechnet und über eine Schnittstellenfunktion abgefragt werden. *Jürgens et al. (1989)* hat 19 ergonomisch wichtige und als Indikatormaß für weitere anthropometrische Daten geeignete Maße (z.B. Körperhöhe, Körpersitzhöhe, Schulterbreite, Reichweite der Fingerspitze) ausgewählt. Diese Auswahl wird übernommen und die Maße werden nach den Definitionen in der *DIN 33402 Teil 1,* in *Schmidtke 1993* und in *HdE 1989* bestimmt. Die meisten Definitionen beruhen auf praktischen meßtechnischen Festlegungen, die auf Gegebenheiten des realen Menschen beruhen (z.B. Knochendicke, Weichteile), daher werden Annahmen im Sinne der Maßdefinitionen getroffen. Die Werte werden dem Anwender über eine Maske in der Benutzeroberfläche des Systems ausgegeben.

4.8.2 Berechnung und Darstellung aufgabenorientierter Funktionsräume

Durch die Kinematikstruktur und die Grenzwinkel der Achsen sind die Bereiche eindeutig bestimmt, die mit Händen oder Armen erreichbar sind. Diese Bereiche muß der Planer kennen, um bei der Gestaltung ausreichende Freiräume für Armbewegungen vorsehen zu können. Für den Planer ist die Kenntnis dieser Bereiche (Greif- bzw. Funktionsräume) vor allem aber eine wichtige Hilfe bei der räumlichen Positionierung von relevanten Aktionspunkten (*Grob & Haffner 1982*). Funktionsräume sind in den bekannten Quellen unabhängig von der Handorientierung definiert (*VDI-ADB 1980, Lay 1988, Schmidtke 1993*). Bei den meisten ergonomischen Fragestellungen werden jedoch durch die Arbeitsaufgabe und die prinzipielle Gestaltung des Produktes oder Arbeitssystems Handorientierungen implizit vorgegeben, wodurch nur ein Teil des konventionell definierten Greifraums nutzbar ist. Eine Drucktaste beispielsweise kann mit der Fingerspitze in nahezu beliebiger Handorientierung betätigt werden, während beim Justieren einer Schraube mit einem einfachen Schraubendreher eine durch den Greiftyp definierte Handorientierung zum

Werkzeug eingehalten werden muß. Für die Handorientierung gibt es häufig eine Variationsbreite, beispielsweise ist beim Greifen und Handhaben des rotationssymmetrischen Schraubendrehers der Rotationsfreiheitsgrad längs der Symmetrieachse nicht festgelegt. Auch der Bewegungsraum leistungsgeminderter Personen weicht häufig erheblich von den konventionell definierten Greifräumen ab.

Zur Unterstützung des Planers bei der Gestaltungsaufgabe sollen daher die Funktionsräume automatisch unter Berücksichtigung der Gestaltungsaufgabe berechnet und als Geometrieobjekt dargestellt werden (Bild 4-13). Mit Hilfe der Rücktransformation für das Hand-Armsystem, die eine mögliche Körperhaltung zu einer vorgegebene Handpositionierung im Raum ermittelt (s.Kap.5.3 und Kap.5.6.1), werden zur Laufzeit die räumlichen, aufgabenorientierten Bereiche ermittelt, die von einer bestimmten anthropometrischen Größe im Rahmen der Gelenkgrenzwinkel erreichbar sind. Für die Berechnung sind Randbedingungen definierbar, beispielsweise die Vorgabe der Handorientierung in einer oder mehreren Koordinatenrichtungen, die Vorgabe einer fixen oder freien Position des Oberkörpers oder die Berücksichtigung verschiedener Belastungsklassen.

Die für verschiedene Personen der Benutzergruppe für die Randbedingungen der jeweiligen Arbeitssituation berechneten aufgabenorientierten Funktionsräume werden ermittelt und als Geometrie dargestellt. Anschließend kann durch eine Berechnung des dreidimensionalen Schnittmengenbereiches der Geometrien (Boolsche Intersektion, *Linner 1995*) der optimale, für alle Personen geeignete Bereich für die Gestaltung der Mensch- Maschine- Schnittstelle ermittelt werden.

4.8.3 Ermittlung von Gewichten und Trägheitsachsen

Durch die Wirkung von Massenkräften (Schwerkraft, dynamische Kräfte) kann eine Belastung des Menschen hervorgerufen werden. Nicht zuletzt auch zur Beurteilung der Stabilität der Körperhaltung sind die Informationen über die Massen des Menschen von Bedeutung. Aus der geometrischen Information kann automatisch das Volumen der Körperelemente des Menschmodells, sowie - ausgehend von der Annahme einer homogenen Dichteverteilung - der Schwerpunkt und die Hauptträgheitsachsen des Körperteils in grober Näherung berechnet und über eine Schnittstellenfunktion ausgegeben werden. Nach *Mital et al. (1993)* ist die Vernachlässigung der Dichteunterschiede innerhalb der Körperelemente auch für biomechanische, kinetische Untersuchungen zulässig. Die Werte können durch Hinterlegung von Schwerpunkts- und Masseninformationen (z.B. nach *Chaffin & Anderson 1984* oder *Pheasant 1986)* für jedes Objekt korrigiert werden.

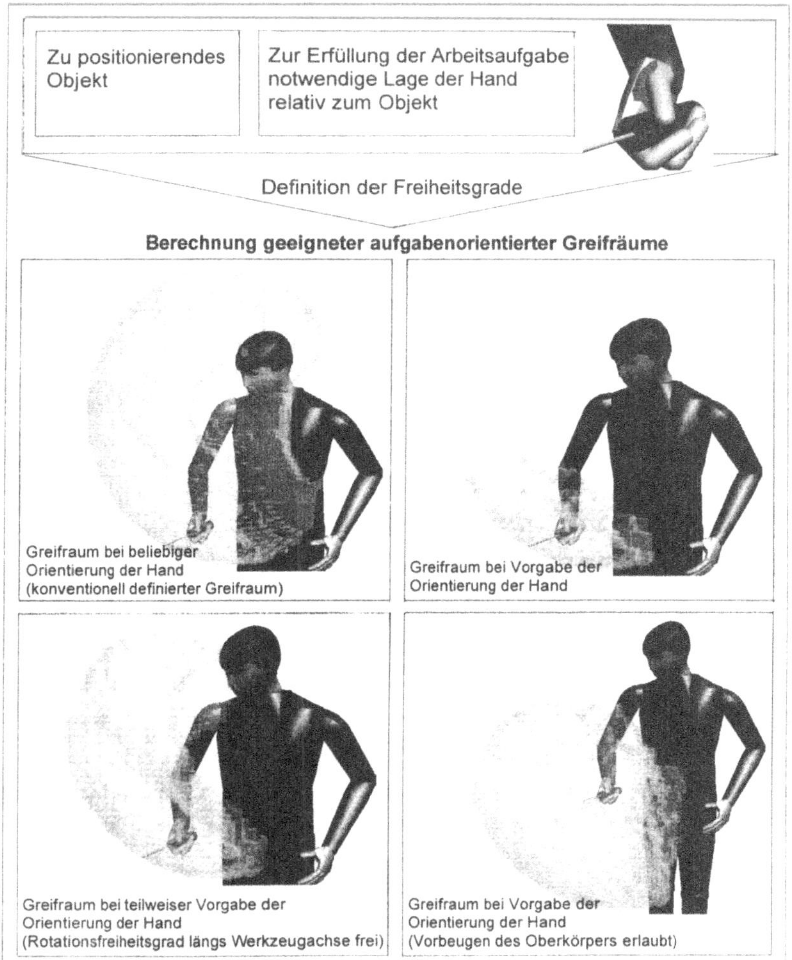

Bild 4-13: Aufgabenorientierte Greifräume (Beispiel: mit der rechten Hand zu betätigendes Objekt)

4.9 Anbindung einer internationalen anthropometrischen Datenbasis

4.9.1 Beschreibung der Datenbasis

Zur Gestaltung eines Produktes für eine aus verschiedenen ethnischen Gruppen stammende Benutzergruppe ist die Kenntnis internationaler Körpermaße notwendig. In fast jedem Land der Erde wurden zu unterschiedlichen Zeiten verschiedene Datenquellen erstellt. Beim Vergleich der Daten müssen Akzelerationstrends und die Verschiedenheit der anthropometrischen Meßmethoden berücksichtigt werden. Häufig sind die Daten an speziell ausgewählten Personengruppen (Militär) erhoben worden.

Die von *Jürgens et al. (1989)* aus weltweit mehreren hundert Quellen erstellte internationale Körpermaßdatenbasis berücksichtigt all diese Faktoren und wird daher für die Anbindung an die oben beschriebene Schnittstelle gewählt. Die angegebenen Daten verschiedener ethnischer Gruppen sind somit untereinander vergleichbar. Jeweils 19 anthropometrische Grundmaße für 20 Regionen der Welt sind für das 5., 50. und 95. Perzentil (männlich sowie weiblich) angegeben.

4.9.2 Ableitung der Funktions- und Geometriemaße aus den anthropometrischen Körpermaßdaten

Insgesamt werden für die Belegung der Achsabstände der Referenzkinematikstruktur des Menschmodells 16 Maße benötigt, wobei das Handmodell als Einheit mit zwei Werten (Handlänge, Handbreite) skaliert wird (s.Kap.4.7.1). Da sich die meisten der in der Datenbasis angegebenen Maße auf die Körperkontur und nicht auf die Gelenkpositionen beziehen, müssen diese Gelenkabstände erst aus den anthropometrischen Daten berechnet werden. Die Umrechnungen basieren unter anderem auf den in *Kapandji 1984* und *Pheasant 1986* angegebenen Daten. Die Achsabstände werden direkt in DH-Parameter umgesetzt und über die Schnittstelle auf das Menschmodell übertragen.

Einige für die Erzeugung von Kinematik- und Geometriestruktur notwendige Maße fehlen in der verwendeten Datenbasis und müssen aus den gegebenen Maßen rekonstruiert werden. Entsprechend den von *Jürgens et al. (1989)* und *Geuß (1994)* angegebenen Korrelationen zwischen verschiedenen Körpermaßen werden die fehlenden Maße aus Referenzmaßen (z.B. Schulterbreite bei Breitenmaßen) über einen Proportionalitätsfaktor berechnet. Die verbleibenden Freiheitsgrade werden also entsprechend den für Nordeuropäer ermittelten Proportionen festgelegt. Dies erfolgt unter der Annahme, daß sich die von *Geuß (1994)* für Körpermaße von Nordeuropäern ermittelten Zusammenhänge auch auf Personen anderer ethnischer Herkunft anwenden lassen. Das Handmodell wird entsprechend der von *Buchholz (1992)* ermittelten Proportionalitäten skaliert.

Die Form der Geometrieobjekte wird nach verschiedenen Daten (*DIN 33402 Teil 2, DOB 1983, Gambarelli et al. 1977*) sowie nach optischem Gesichtspunkten modelliert. Einige Körperteile, wie z.B. der Kopf, sind durch eine lineare Skalierung der Geometrie in drei Achsrichtungen ausreichend anzupassen. Geometrisch komplexere Körperteile wie z.B. der Rumpf, werden aus in verschiedenen Querschnitten gegebenen Konturen aufgebaut (Kap.4.7.4.2). Die einzelnen Schichten werden zur einfachen Anpassung ihrer Form und Größe in einer Datei gespeichert. In dieser Datei sind außerdem jeder Schicht symbolische Namen (z.B. "Unterbrustumfang") zugeordnet, auf deren Basis die Skalierung erfolgt (Bild 4-14).

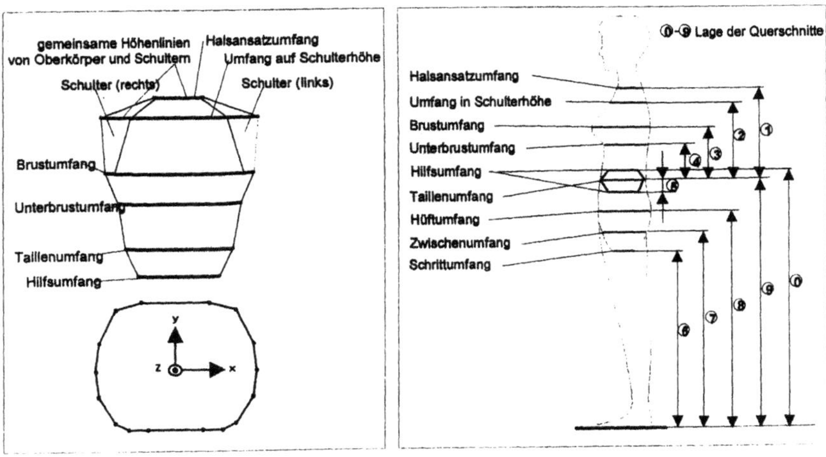

Bild 4-14: Aufbau der Geometrien aus Schichten (Bsp. Rumpf)

Da in der Datenbasis nur wenige Körpermaße gegeben sind, kann das erzeugte Menschmodell in nahezu allen Körpermaßen den gegebenen Daten entsprechen, ohne daß sich die in Kap.4.2.1 erwähnten Probleme der Anwendung perzentilierter Daten auswirken.

4.9.3 Stufenlose Generierung beliebiger Größen und Perzentile

Zur Untersuchung von Körpermaßperzentilen, die nicht in den Datensammlungen enthalten sind, sollen Zwischengrößen generiert werden (s.Kap.4.2.4). Ausgehend von der Annahme, daß sich die Körpermaße entsprechend einer Gauß'schen Häufigkeitsnormalverteilung verhalten, kann mit Hilfe mathematischer Beziehungen aus dem jeweiligen Körpermaßwert *X* für das 50.Perzentil und das 5.Perzentil der Körpermaßwert $X_{(p)}$ eines beliebigen Zwischenperzentils *p* mit Hilfe des perzentilabhängigen $z_{(p)}$-Werts der Normalverteilung berechnet werden *(Pheasant 1986, Bronstein & Semendjajew 1985)*:

$$X_{(p)} = X_{50.\,Perzentil} + \frac{1}{1{,}64}\left(X_{50.\,Perzentil} - X_{5.\,Perzentil}\right) \cdot z_{(p)}$$

Da die Körperhöhe ein gebräuchliches Richtmaß ist, soll ein Menschmodell zusätzlich über die Angabe der Körperhöhe generierbar sein.

4.10 Ergebnisse

Mit der konzipierten Schnittstelle ist eine flexible Anpassung des Menschmodells an beliebige anthropometrische Datenquellen dynamisch während der Laufzeit des Programms möglich. So können in kurzer Zeit Produkt- und Arbeitssystementwürfe mit verschiedenen Größen von Menschmodellen überprüft werden. Die jeweils aufgabenorientiert generierbaren ergonomischen Funktionsräume unterstützen den Planer bei der zielgerichteten ergonomischen Gestaltung. Zur Dokumentation der Analyseergebnisse können Kenndaten des jeweils verwendeten Menschmodells über die Schnittstelle ausgegeben werden.

Das auf Basis eines anthropometrischen Weltatlas realisierte Menschmodell kann in beliebiger Größe für internationale Volksgruppen erzeugt werden (Bild 4-15). Im Ergebnis können Belastungsanalysen mit Personen verschiedener Größe und ethnischer Herkunft durchgeführt werden.

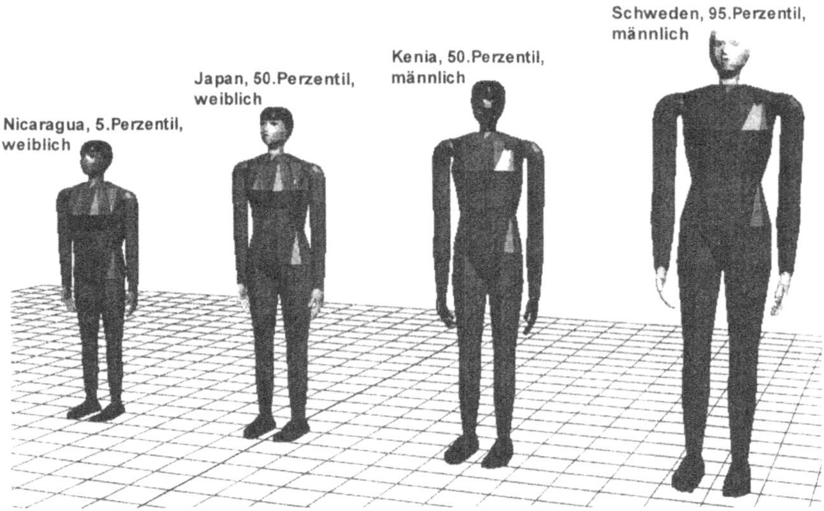

Bild 4-15: Generierte Menschmodelle verschiedener ethnischer Herkunft

5 Simulation des Bewegungsablaufs

5.1 Zielsetzung dieses Kapitels

In Kap.4 wurde als Basis der Bewegungsmodellierung ein kinematisches Menschmodell erstellt, das in verschiedenen Größen erzeugt werden kann. Zu dem virtuellen Prototyp des zukünftigen Arbeitssystems, der im Rahmen des vorgestellten Konzeptes erstellt werden soll, muß noch der Bewegungsablauf generiert werden, der zur Ausführung der Arbeitsaufgabe notwendig ist (Bild 5-1).

Für die ergonomische *ex ante* - Untersuchung muß für die Körperhaltungen eine Prognose aus der Arbeitssystemgestaltung getroffen werden. Im Hinblick auf die Übertragbarkeit der Ergebnisse auf die Realität ist es notwendig, alle für die Körperhaltung des Menschen relevanten Einflußgrößen zu berücksichtigen. Für das Gesamtkonzept hat die Generierung des Bewegungsablaufs eine zentrale Bedeutung, da die einzelnen Körperhaltungen für die Belastungsanalyse übernommen werden. Zur schnellen und interaktiven Variantenerstellung muß das Erstellen dieses Ablaufs effektiv und schnell erfolgen.

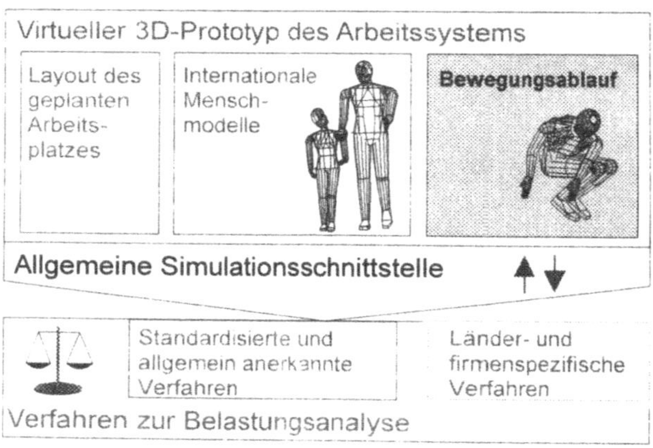

Bild 5-1: Simulation des Bewegungsablaufs als Grundlage der Belastungsanalyse

5.2 Einflußfaktoren für Körperhaltung und Bewegungsablauf

5.2.1 Mögliche Einflußfaktoren für die Gesamtkörperhaltung

Welche Körperhaltung vom Menschen eingenommen wird, hängt je nach Situation von verschiedenen Einflußfaktoren ab (Bild 5-2). Zur Erfüllung der Arbeitsaufgabe muß der Mensch seine Körperhaltung so wählen, daß die notwendige Sichtbarkeit, Erreichbarkeit, Manipulationsfähigkeit, Kraft und Ausdauer innerhalb der gegebenen Arbeitsplatzgestaltung gegeben ist. Individuelle Eigenschaften des Menschen, die anthropometrischen Maße, die anatomischen Begrenzungen der Gelenkwinkel sowie die Abmessungen des Körpergewebes beeinflußen die eingenommenen Körperhaltungen. Körperkräfte, die zur Erfüllung der Arbeitsaufgabe (z.B. Gewichte von Objekten) sowie zur Aufrechterhaltung des Körpergleichgewichts notwendig sind und die Abfolge der Kräfte und Haltungen über die Zeit (Ermüdung) sind ebenfalls von Bedeutung.

Bei Aufgaben, die mit den Händen auszuführen sind, beeinflußt wegen der Gelenkgrenzen des Handgelenks vor allem die relative Position der Hand zum jeweiligen

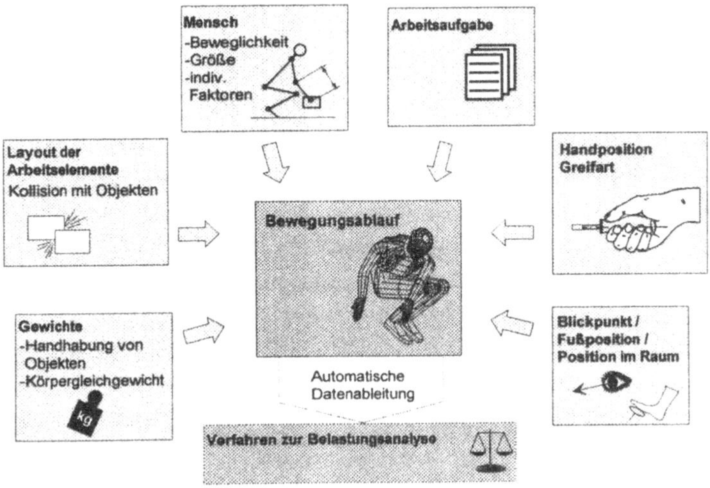

Bild 5-2: Mögliche Einflußgrößen des Bewegungsablaufs

Objekt (aufgrund von Objektgewicht, Griffgestaltung usw.) die Körperhaltung, wie im folgenden Kapitel ausführlich gezeigt wird. Weitere wichtige Einflußfaktoren für den Bewegungsablauf sind geometrische Randbedingungen: die Begrenzungen des Arbeitsraumes sowie die Sichtbarkeit von Arbeitspunkten, die mögliche Position des Menschen im Raum, die erforderliche Position der Füße (z.B. bei Betätigung von Pedalen) und mögliche Kollisionen von Körperteilen des Menschen mit Objekten oder mit seinem eigenen Körper beeinflußen die Körperhaltung.

Der Mensch richtet seine Körperhaltung auch auf seine nächste auszuführende Bewegung ein. Bei Drehen eines Schraubendrehers beispielsweise wird das Handgelenk bis zum Anschlag gespannt, um eine größtmögliche Drehbewegung durchzuführen. Dagegen wird bei Tätigkeiten, die eine Steifigkeit des Handgelenks erfordern (z.B. Hämmern) das Handgelenk in einer Mittelstellung fixiert, um Schwingungen und Überdehnungen abfangen zu können. Nach welchen Kriterien der Mensch in einer realen Situation mit einer Vielzahl von Einflußgrößen seine tatsächliche Körperhaltung wählt, ist noch nicht vollständig erforscht.

5.2.2 Nähere Analyse der Bedeutung des Einflußfaktors Greifart

Durch die Verbindung der Hand mit einem Arbeitselement entsteht eine geschlossene mechanische Kette, die anhand des Lösens einer räumlich fixierten Schraube (z.B. zur Wartung einer fest installierten Maschine) mit einem Schraubendreher erläutert werden soll (Bild 5-3). Ausgehend von der Werkzeugfunktion und Werkzeuggestaltung muß eine Position des Werkzeugs relativ zur Schraube eingestellt werden und eine Kraft sowie ein Moment auf die Schraube ausgeübt werden. Die Kräfte und Momente werden von der Hand durch Reib- oder Formschluß auf den Werkzeuggriff übertragen. Zum Aufbau des Drehmoments, aber auch zur Durchführung der Drehbewegung mit der notwendigen Präzision, muß eine Normalkraft von der Innenseite der Hand auf den Werkzeuggriff ausgeübt werden. Die Kraftaufbringung hängt ab von der mechanischen Paarung Hand-Werkzeuggriff, die durch die Größe der Hand, die technische Gestaltung des Griffes und die Positionierung der Finger am Werkzeuggriff definiert wird.

Durch die Greifart, d.h. die Wahl der Fingerhaltung relativ zum Werkzeug, ist die Position des Handkörpers im Raum festgelegt. Das Handgelenk begrenzt mit seinen anatomischen Grenzwinkeln die Möglichkeiten zur Plazierung des Unterarms relativ

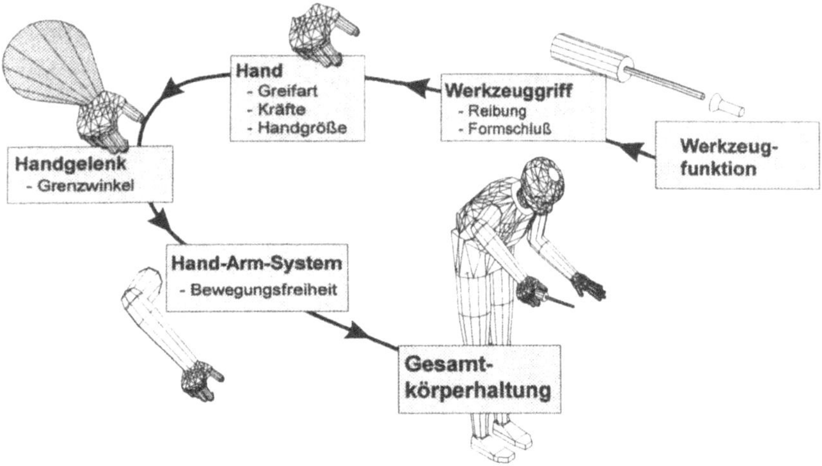

Bild 5-3: Mechanische Kette vom Objekt zur Körperhaltung

zum Handkörper. Der Körper ist durch das Hand-Arm-System mit der Hand verbunden. Abhängig von den anthropometrischen Körpermaßen, der Beweglichkeit des restlichen Körpers und weiteren Randbedingungen (z.B. geometrische Begrenzung des Arbeitsraums) wird die Schar von theoretischen Lösungen für Körperhaltung und Körperstellung im Raum weiter eingeschränkt. Die dargestellte mechanische Kette wird jeweils durch das schwächste Glied begrenzt. So muß zur Erfüllung der Arbeitsaufgabe bei einer schlechten Griffgestaltung, um das notwendige Moment auf einen Arbeitspunkt im Raum zu übertragen, eine Greifart gewählt werden, die wegen der anatomischen Gelenkgrenzwinkel nur durch eine bestimmte, möglicherweise belastende, Körperhaltung möglich ist.

Wie stark die Bewegungsgrenzen des Handgelenks die Freiheitsgrade zur Wahl der Lage des Unterarms und damit der Körperhaltung einschränken, läßt sich quantifizieren, indem der Bewegungsspielraum des Unterarms als Teilbereich der theoretisch möglichen Beweglichkeit (ohne Grenzwinkel) berechnet wird (Bild 5-4).

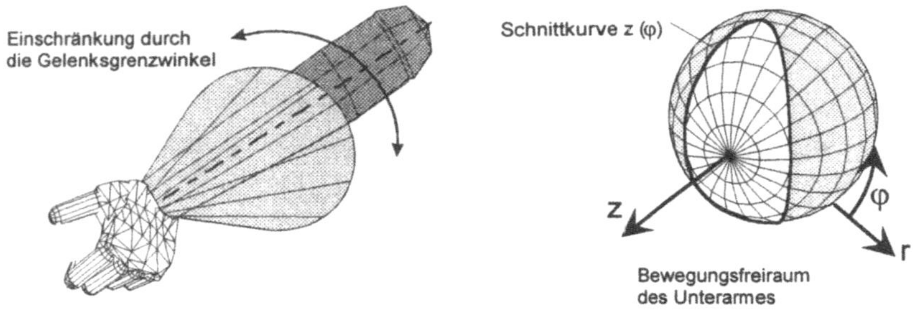

Bild 5-4: Handgelenksgrenzwinkel und Einschränkung der Beweglichkeit

Nach *Tsotis (1987)* läßt sich der in Experimenten ermittelte Bewegungsbereich des Handgelenks mit guter Näherung als Schnittkurve einer Kugel mit Radius R und eines elliptischen Zylinders mit den Halbachsen

$$a = R \sin \phi_{\max} \qquad \text{und} \qquad b = R \sin \theta_{\max}$$

beschreiben, wobei $\phi_{\max}$ und $\theta_{\max}$ die Gelenkgrenzwinkel des Handgelenks sind. Der Flächeninhalt des vom elliptischen Zylinder ausgeschnittenen Bereichs der Kugeloberfläche kann für $R = 1$ mit Hilfe der in Zylinderkoordinaten beschriebenen Gleichung der Schnittkurve (Bild 5-4 rechts)

$$z(\varphi) = \sqrt{1 - \frac{a^2 b^2}{b^2 \cos^2 \varphi + a^2 \sin^2 \varphi}}$$

durch die Beziehung

$$F_{Bewegungsbereich} = 4 \int_0^{\frac{\pi}{2}} \int_{z(\varphi)}^{1} dz d\varphi$$

berechnet werden. Wird dieser Bereich bezogen auf den Flächeninhalt der Kugeloberfläche ($F_{Kugel} = 4\pi R^2$), so ergibt sich nach Einsetzen der von *Tsotsis (1987)* genannten Bewegungsgrenzen des Handgelenks von $\phi_{\max} = 30°$ und $\theta_{\max} = 75°$ eine Einschränkung des Bewegungsspielraums auf

$$\boxed{\frac{F_{Bewegungsbereich}}{F_{Kugel}} = 0{,}154 = \mathbf{15{,}4\%}}$$

des theoretischen Maximalwertes ohne Achsgrenzen. Hierbei ist zu bedenken, daß der tatsächlich nutzbare Bereich geringer ist, da extreme Handgelenkswinkel zu gesundheitlichen Beschwerden führen können (*Fothergill et al. 1992, Sperling et al. 1993*). Für eine korrekte Abbildung der Körperhaltung ist daher die genaue Berücksichtigung der durch die Greifart bestimmten Relativlage von Hand zu Objekt unumgänglich. Umgekehrt ist auch bei der Gestaltung der Bedienelemente die sich aus Anthropometrie und Arbeitsplatzgestaltung ergebende mögliche Relativlage der Hand zum Bedienelement als wesentliche Gestaltungsrandbedingung zu beachten.

5.2.3 Individuelle Unterschiede und Körperhaltungsprognose

Der Aufbau des menschlichen Körpergelenksystems ist so komplex, daß zu den meisten Kombinationen der in Kap. 5.2.1 genannten Randbedingungen mehrere Körperhaltungen möglich sind. Die verbleibenden Freiheitsgrade werden letztendlich durch das zentrale Nervensystem des Individuums aufgrund situativer Gegebenheiten (z.B. Ermüdung) oder lang- bzw. kurzfristiger individueller Parameter (z.B. Belastbarkeit, Verletzungen, Gewohnheit) festgelegt. Obwohl in der Literatur verschiedene Theorien zur Vorhersage von Bewegungen einzelner Teilsysteme des Körpers und Körperhaltungen existieren (Überblick in *Soechting 1989, Menges 1992*), gibt es keine gesicherten Erkenntnisse darüber, nach welchen Kriterien der Mensch seine Körperhaltung im Rahmen der gegebenen Randbedingungen einstellt. Selbst bei ein und derselben Person variiert die Bewegung von Versuch zu Versuch (*Soechting 1989*).

Ein erfolgversprechender Ansatz für die Körperhaltungsprognose wurde von *Bubb & Kain (1986)* vorskizziert und von *Seidl (1994)* ausführlich beschrieben. Danach wurden die einzelnen Gelenkwinkel der von Probanden in Versuchen eingenommenen Körperhaltungen jeweils statistisch ausgewertet. Der Prognoseansatz basiert auf der Beobachtung, daß selbst bei stark unterschiedlichen Arbeitsaufgaben die meisten Gelenkwinkel (z.B. Lendenwinkel) relativ gering um denselben Freiheitsgradmittelwert streuen. Ausgehend von den durch die Zielposition der Hände, Füße und des Hüftpunktes vorgegebenen Randbedingungen wird daher mit einer mathematischen Optimierung versucht, jeden Gelenkwinkel auf den empirisch ermittelten wahrscheinlichsten Winkel einzustellen. Dieses mathematische Prognosemodell wurde entwickelt für Sitzarbeitsplätze (Automobilfahrerarbeitsplatz), kann aber möglicherweise auch zur Vorhersage der Körperhaltung bei veränderten Konstellationen verwendet werden.

5.3 Vorhandene Möglichkeiten in der Entwicklungsumgebung

Es kann in der Entwicklungsumgebung (s.Kap.3.5) auf bereits vorhandene Rücktransformationen für das Hand-Arm-System (Bild 5-5) und das Fuß-Beinsystem zurückgegriffen werden (*Tauber 1990, Heiß et al. 1991*). Die Rücktransformation errechnet eine im Rahmen der Grenzwinkel des Menschmodells zulässige Körperhaltung (Gelenkwinkelkombination), bei der die Position der Hand (mathematisch beschreibbar durch einen Referenzframe), mit einer vorgegebenen Zielposition im Raum (Zielframe) zusammenfällt. Die Gelenkwinkel des Menschmodells und die Zielframes können in einem Bewegungsablaufprogramm abgespeichert werden. Zielframes können mit Objekten verknüpft sein, wodurch bei Umplazierung des Objektes der Bewegungsablauf automatisch angepaßt wird (*Kummetsteiner 1994*). Weiterhin können Durchdringungen von geometrischen Objekten mit einer Kollisionsrechnung (*Wrba 1990*) überprüft werden.

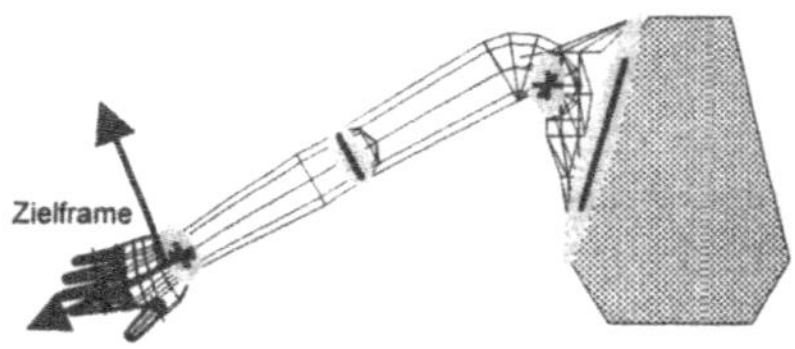

Bild 5-5: Existierende Rücktransformation für die 8 Achsen des Hand-Armsystems

5.4 Anforderungen an die zu entwickelnden Funktionen

Die Anforderungen (Bild 5-6) an die Bewegungserstellung für das kinematische Menschmodell (s.Kap.4) ergeben sich aus der Zielsetzung eines einfach handhabbaren Systems, mit dem der Planer interaktiv einen Systementwurf überprüfen und optimieren soll. Um im Hinblick auf die nachfolgende ergonomische Bewertung (s.Kap.6) eine ausreichende Realitätsnähe zu erreichen, müssen Algorithmen zur Erzeugung eines realistischen (wahrscheinlichen) Bewegungsablaufs zur Verfügung gestellt werden, außerdem müssen alle für die Körperhaltung relevanten Einflußgrö-

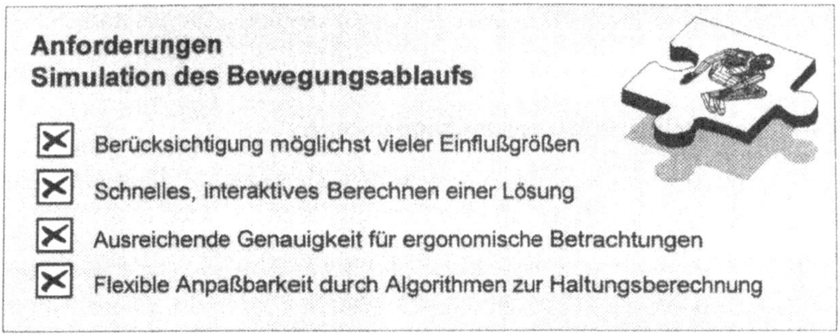

Bild 5-6: Anforderungen an die Simulation des Bewegungsablaufs

ßen berücksichtigt werden können. Um auch andere Ansätze zur Bewegungserstellung anbinden zu können, wird eine flexible Anpaßbarkeit gefordert.

5.5 Konzeption der Bewegungsmodellierung

5.5.1 Vorgehensweise bei der Bewegungsmodellierung

Insbesondere in der Phase der Gestaltung und der Variantenerstellung soll der Planer durch interaktives Bewegen verschiedener Menschmodellgrößen einen Eindruck von der Bewegungsmöglichkeit der relevanten Personengruppe und der Erreichbarkeit von Arbeitspunkten erlangen. Auf diese Weise kann er bei der gezielten Dimensionierung unterstützt werden. Durch die in Kap.6 beschriebene Anbindung der Belastungsanalysefunktionen erfolgen während des interaktiven Bewegens automatisch Rückmeldungen über mögliche Belastungen einer Tätigkeit.

Am erstellten Gestaltungsentwurf soll auch eine automatisierte Generierung des Bewegungsablaufs aus den Randbedingungen der räumlichen Arbeitsplatzgestaltung möglich werden. Aus der Arbeitsablaufvorschrift, die sich aus der Arbeitsaufgabe ergibt, und aus der räumlichen Konfiguration des Arbeitsplatzes kann eine Sequenz von Arbeitspunkten für die Endeffektoren des Menschen (Hände, Füße) abgeleitet werden. Für die Sequenz von Zielframes, deren räumliche Lage sich bei jeder Umkonfiguration des Arbeitsplatzes ändert, wird ein Bewegungsablauf für die jeweils aktuelle Menschmodellgröße berechnet. Die Zeit für die Berechnung der jeweiligen

Körperhaltungen soll so kurz sein, daß ein kontinuierlicher Ablauf am Bildschirm zu sehen ist.

5.5.2 Bausteine der Bewegungsmodellierung

Das Konzept zur interaktiven Erzeugung des Bewegungsablaufs erfordert verschiedene Neuentwicklungen (Bild 5-7).

Die existierende Berechnung einer Lösung für das Hand-Arm-System geht von einer raumfesten Position des Torsos aus. Die Fähigkeiten des Menschen, eine Zielposition mit fixiertem Oberkörper zu erreichen, wird allerdings durch die anatomischen Gelenkgrenzwinkel insbesondere des Handgelenks stark eingeschränkt, weshalb nur ein kleiner Teil der vom Menschen real erreichbaren Zielpositionen von dem bestehenden Algorithmus gelöst werden kann. Um realistische Körperhaltungen einfach simulieren zu können, muß die existierende Rücktransformation auf den gesamten Körper erweitert werden und Bewegungen von Torso und Beinen mit berücksichtigen. Zur Auflösung der durch die zusätzlichen Freiheitsgrade entstehenden Unterbestimmtheit des Rücktransformationsproblems muß ein Automatismus entwickelt werden, der durch den Anwender über ein Parametersystem angepaßt werden kann.

Wegen der besonderen Bedeutung der Greifart für die Körperhaltung (s.Kap.5.2.2) soll eine automatisierte Greifmodellierung, basierend auf einer Systematik vordefinierter Greiftypen, den Planer bei der Abbildung von Arbeitsabläufen unterstützen. Die Berücksichtigung von "exakten" Randbedingungen (Kollision, Sichtbarkeit, Körpergleichgewicht) komplettiert die gesamtheitliche Betrachtung der Einflußfaktoren der Körperhaltung.

5.5.3 Geforderte Genauigkeit

Die Geschwindigkeit menschlicher Bewegungen liegt nach *Seidl (1994)* zwischen 0,2 und 1 m/s, woraus sich in Zusammenhang mit der gewünschten geometrischen Genauigkeit die notwendige zeitliche Taktung ergibt. Für die Auswertung der Analyseverfahren (s.Kap.6) muß der Bewegungsablauf nur die Genauigkeit aufweisen, die von den Analyseverfahren gefordert wird. So ist für ein Verfahren, bei dem lediglich der Greifabstand vom Körper eingeht, die genaue Körperhaltung zunächst

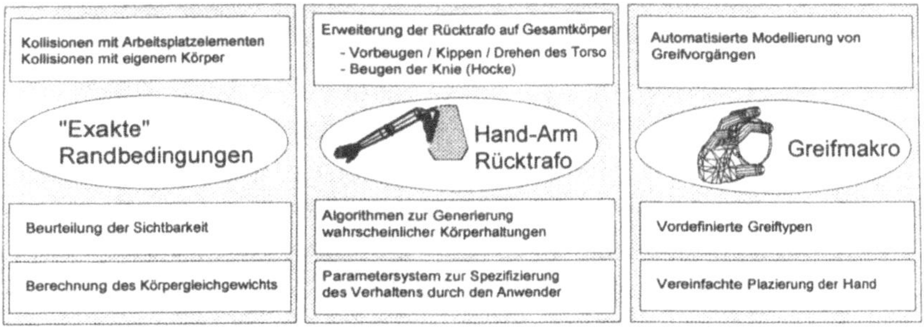

Bild 5-7: Bausteine der Bewegungserstellung

ohne Bedeutung. Wichtig ist diese jedoch, wenn der Greifabstand aufgrund anderer Randbedingungen (z.B. Kollision mit Umgebungsobjekten) nicht einzuhalten ist.

5.5.4 Flexible Anpassung der Funktionalitäten

Um eine möglichst umfassende Verwendung des Systems zu ermöglichen und die Möglichkeiten zur Körperhaltungsprognose mit zukünftigen Verfahren flexibel erweitern zu können, soll die Bewegungserstellung flexibel anpaßbar sein (Bild 5-8). Die Gelenkwinkel und damit die Körperhaltungen des Menschmodells können über Schnittstellenfunktionen von einem Anwenderprogramm auf einen beliebigen Wert gesetzt werden. Zur Generierung einer Zielkörperhaltung kann damit auch eine spezielle, vom Anwender erstellte Rücktransformation über die Simulationsschnittstelle angebunden werden. Körperhaltungen können auch über eine synchrone Ansteuerung durch Körpersensoren von einer Versuchsperson generiert werden. So kann die

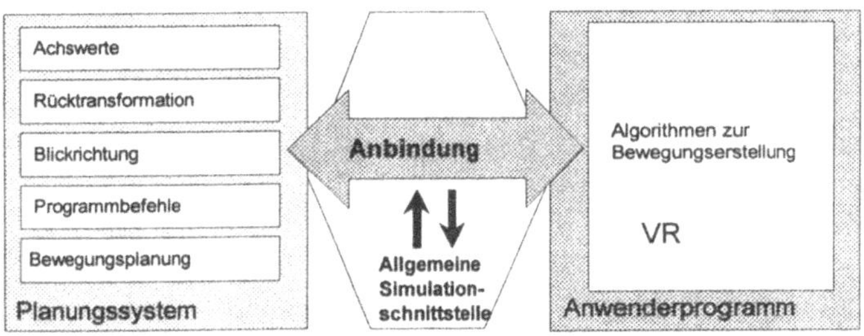

Bild 5-8: Schnittstelle zur flexiblen Anpassung der Bewegungsberechnung

Anbindung an ein "virtuelle Realität"- Eingabemedium ("Motion Capturing") realisiert werden.

Auch Funktionen der im Planungssystem zur Verfügung stehenden Rücktransformationen können von einem Anwenderprogramm genutzt werden. Die für die Rücktransformation relevanten Referenzsysteme des Hand-Arm- und Bein-Fußsystems und die aktuelle Blickrichtung (s.Kap.5.8.2) können auf einen beliebigen Wert gesetzt werden und deren aktuelle Lage kann abgefragt werden. Die zeitliche Abfolge der Bewegung kann ebenfalls von außen angesteuert werden. Der Anwender soll über neu definierte eigene Befehle des Bewegungsablaufprogramms Module des Anwenderprogramms aufrufen (s.Kap.6.4.7) und so seine eigene Bewegungsbeschreibungssprache innerhalb des Planungssystems verwenden können.

5.6 Flexibel anpaßbare Bewegungsberechnung

5.6.1 Auf Gesamtkörper erweiterte Hand-Arm-Rücktransformation

Um realistische Körperhaltungen einfach simulieren zu können, wird die existierende Rücktransformation auf den gesamten Körper erweitert. Der Torso wird durch gezielte Variation (Bild 5-9), z.B. der Oberkörperwinkel und durch Beugen der Knie, in eine Lage gebracht, in welcher der Kernalgorithmus der Hand-Arm-Rücktransformation eine Lösung finden kann. Dieses Vorgehen entspricht dem Ver-

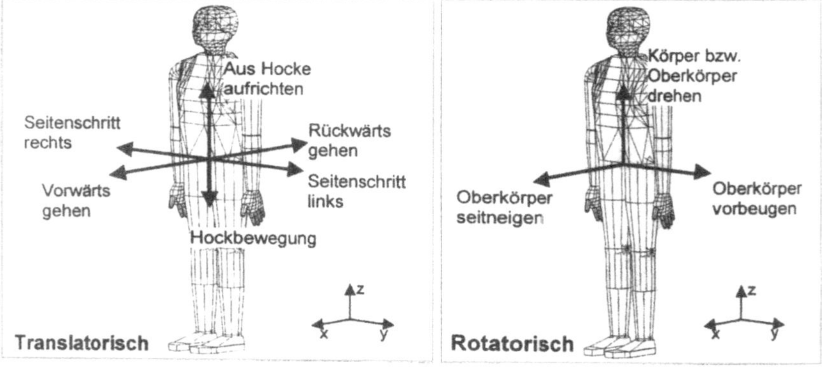

Bild 5-9: Mögliche Variation des Torso im Raum

halten eines realen Menschen, der allein durch Bewegen des Arms einen Arbeitspunkt im Rahmen seiner Beweglichkeit nicht erreichen kann. Die Gelenkwinkel beider Arme, des Oberkörpers sowie beider Beine werden durch den Algorithmus festgelegt, um die Handpositionen und -orientierungen mit dem Zielframe beider Hände zur Deckung zu bringen.

Das Bewegungsverhalten des Menschmodells kann über ein Parametersystem durch den Anwender spezifiziert werden (Bild 5-10), um den Randbedingungen des Arbeitssystems gerecht zu werden. Torso- und Beinachsen können auf einen Wert fixiert werden. Die Koordination von Vorbeugen des Torso und Beugen der Knie wird ebenfalls über Parameter festgesetzt. So kann über einen Grenzwert die Oberkörpervorbeugung angegeben werden, ab welcher das Modell die Beine beugt. Wird dieser Parameter auf 0° gesetzt, so entspricht dies einem Heben aus den Beinen, bei 90° wird aus dem Rücken gehoben, Zwischenwerte entsprechen einer gemischten, freien Hebetechnik (Bild 5-10).

Um die Freiheitsgrade bei der Ausführung der Greifaufgabe zu berücksichtigen, wird die Hand-Arm-Rücktransformation dahingehend erweitert, daß auch eine teil-

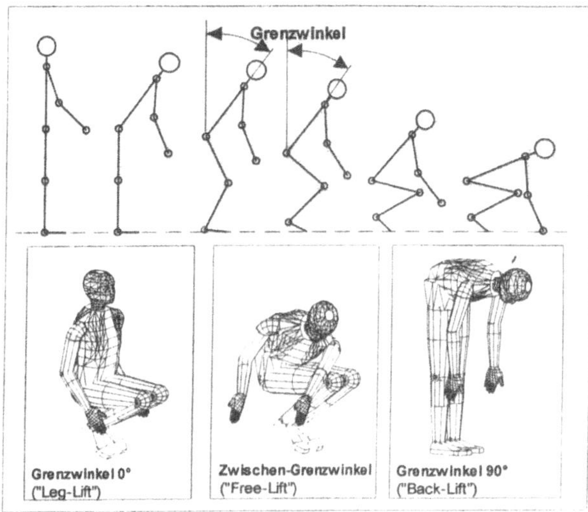

Bild 5-10: Erweiterte Hand-Arm-Rücktransformation

weise Überlagerung des Zielframes möglich wird, d.h. jeweils eine oder alle Achsrichtungen des Zielframe werden ignoriert und nur die Translationsanteile für die Berechnung verwendet.

5.6.2 Ansatz zur Körperhaltungsprognose

Beim jetzigen Forschungsstand kann die bei gegebenen Randbedingungen vom Menschen eingenommene Körperhaltung nur bedingt vorhergesagt werden (s.Kap.5.2.3). Das von *Seidl (1994)* vorgestellte Vorgehen zur Körperhaltungsprognose scheint wegen des erforderlichen Optimierungsalgorithmus für das angestrebte schnelle Testen und interaktive Gestalten eines Arbeitsplatzes zu rechen- und zeitaufwendig. Es wird daher ein anderer Weg gegangen, um realistische Körperhaltungen zu erzeugen.

Verschiedene Studien (*Susnik & Gazvoda 1986, Jäger & Luttmann 1989*) zeigen, daß der Druck auf die Bandscheiben mit zunehmender Neigung des Torsos wächst, unter anderem, da zur Unterstützung der oberhalb der Hüfte gelegenen Körperteile eine Spannung der Rückenmuskulatur erzeugt werden muß. Falls zusätzlich zur Aufrichtung des Torsos noch eine Last gehoben wird, nimmt die Bandscheibenbelastung noch weiter zu. Nach *Corlett & Eklund (1986)* steigt mit erhöhtem Druck auf die Bandscheiben auch das Schmerzrisiko. Es wird von der Hypothese ausgegangen, daß der Mensch die Kraftaufbringung zur Unterstützung des Körpergewichtes soweit als möglich umgehen wird. Obwohl die am wenigsten belastende Körperhaltung nicht notwendigerweise die Körperhaltung ist, die vom Menschen eingenommen wird, ist das Vorgehen in Übereinstimmung mit den Erkenntnissen von *Hsaio & Keyserling (1991)* und *Haslegrave (1994)*, wonach eine Person versucht, die Körperlage des Oberkörpers so nahe wie möglich an die neutrale Position zu bringen. Das Verhalten, einen vorgegebenen, optimalen Gelenkwinkel einzustellen, entspricht der Beobachtung von *Seidl (1994)*, daß weitgehend unabhängig von der Arbeitsaufgabe der Mensch die Torsowinkel innerhalb einer geringen Bandbreite einstellt.

Daher wird durch den Rücktransformationsalgorithmus aus den kinematisch möglichen Körperhaltungen diejenige ausgewählt, bei der unter Berücksichtigung der gesetzten Parameter (s.Kap.5.6.1) der Torso möglichst nahe an der neutralen Position liegt.

5.7 Automatisierte Greifmodellierung

5.7.1 Vorgehensweise bei der Erstellung des Greifmakros

Die durch die Greifart bestimmte relative Lage der Hand zum Objekt wurde in Kap.5.2.2 als wesentliche Randbedingung für die eingenommenen Körperhaltungen erkannt. Eine Systematik der Greifarten und automatisierte Hinlang- und Greifmodellierung soll die schnelle Modellierung von Bewegungsabläufen ermöglichen.

Wie das menschliche Hinlangen und Greifen vor sich geht, ist Gegenstand der Forschung. Von *Arbib et al. (1985)* wurde ein Greifschema vorgeschlagen (Bild 5-11), das den Vorgang in ein Wahrnehmungsschema und ein motorisches Aktionsschema aufteilt. Die motorische Aktion beginnt mit einer Bewegung der Hand zum Objekt bei gleichzeitiger Fingeranpassung, d.h. Vorformung der Hand, auf die visuell wahrgenommene Objektgröße und einer Handrotation zur Anpassung der rotatorischen Freiheitsgrade. Wenn die Hand nahe genug am Objekt ist, steuert der Mensch mit Hilfe von taktiler und visueller Rückmeldung eine Schließbewegung der Hand.

Bei der automatisierten Simulation von Greifvorgängen (Bild 5-12) wird auf Basis dieses Schemas ausgehend von Form und Größe des zu greifenden Gegenstands und von der Arbeitsaufgabe eine geeignete Greifart ausgewählt. Die Finger werden entsprechend der Greifart grob vorgeformt. Aus der Handhaltung (Vorformung) wird

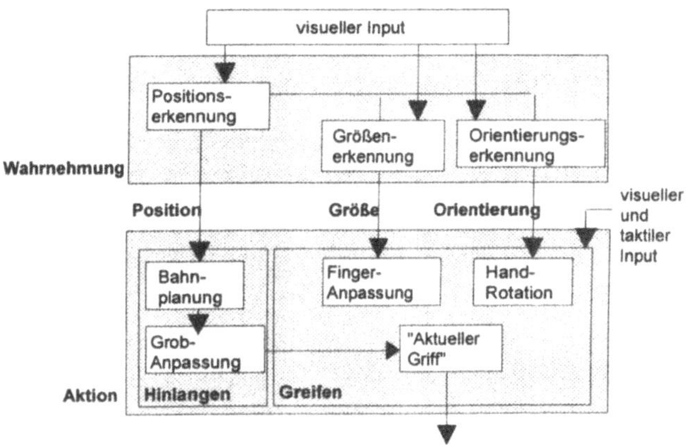

Bild 5-11: Greifschema nach Arbib et al. (1985)

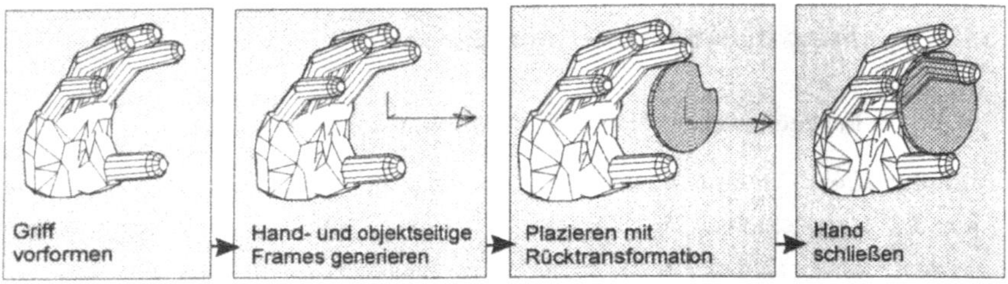

Bild 5-12: Grundschritte des Greifmakros

ein geeigneter Referenzframe an der Hand bestimmt, der auf die Symmetrieeigenschaften des Greifobjektes abgestimmt ist. Am Gegenstand werden dem Referenzframe zugeordnete Zielframes generiert, von denen jeder einer möglichen Plazierung der Hand relativ zum Objekt entspricht. Mit Hilfe der Rücktransformation wird die Körperhaltung so eingestellt, daß der Handframe mit dem jeweiligen Objektframe zur Deckung kommt. Durch die iterative Überprüfung aller Objektframes und anschließende Bewertung der möglichen Körperhaltungen durch den Anwender oder einen angebundenen Algorithmus kann eine realistische Körperhaltung bestimmt werden. Im letzten Schritt wird die Hand solange geschlossen, bis eine Berührung der Finger mit dem Gegenstand stattfindet. Die genannten Schritte können sowohl vollautomatisch durchgeführt, als auch vom Anwender gesteuert werden.

5.7.2 Vorformung der Hand

5.7.2.1 Erstellung einer simulationsgerechten Systematik der Greifarten

Nach *Iberall & MacKenzie (1990)* basieren alle Griffe auf einer von drei Oppositionsformen (Kraftaufbringung zwischen Daumenspitze und Fingerspitzen, zwischen Finger und Handtellerfläche oder zwischen Daumen und Seite des Zeigefingers). Die Oppositionen sind unabhängig voneinander und können getrennt oder simultan während einer Greifbewegung ausgeführt werden. Jede Opposition besteht aus zwei "virtuellen Fingern", von denen immer einer der Daumen oder die Handtellerfläche ist. In weiteren Veröffentlichungen wird die Thematik aus anatomischer Sicht (*Kapandji 1984)* und aus Sicht der Mechanik (*Kato 1982)* untersucht. Die Zuordnung von Greiftypen zu geometrischen Objektformen unter Berücksichtigung des

Schwerpunkts beschreibt *Rao et al. 1989*. Sowohl *Maul & Solf (1969)* als auch *Bullinger & Solf (1979)* teilen die Greifarten in Umfassungsgriff, Zufassungsgriff und Kontaktgriff auf und leiten daraus Forderungen für die Gestaltung der Arbeitsmittel ab. Die Klassifizierung von Greiftypen nach *Napier (1956)* unterscheidet aufgabenorientiert zum einen den Kraftgriff für Aufgaben, die Stabilität und Sicherheit, und zum anderen den Präzisionsgriff für Aufgaben, die Geschicklichkeit und Empfindlichkeit erfordern. Das Kriterium der Objektform ist demnach der Arbeitsaufgabe untergeordnet. Diese Systematik wurde von *Cutkosky (1985, 1989)* und *Cutkosky & Howe (1990)* basierend auf Analysen manueller Montagetätigkeiten weiter verfeinert und beschreibt als Ergebnis 16 Greifarten.

Basierend auf diesen Systematiken wurden Griffe zusammengefaßt, die im Rahmen der Genauigkeit der 3D-Simulation zu einer geometrisch ähnlichen Form des Handmodells führen. Damit werden sechs grundlegende Greifarten mit den Ordnungskriterien Präzision und Kraft sowie Objektform für das weitere Vorgehen definiert (Bild 5-13).

5.7.2.2 Automatische Vorformung auf die Objektgröße

Für jeden der sechs ausgewählten Greiftypen muß in Abhängigkeit der Objektgröße und der aktuellen anthropometrischen Maße der Hand eine geeignete Achswinkelkombination der Hand bestimmt werden. Bei dieser Vorformung der Hand müssen für die Greiftypen 1, 2, 3 und 4 Fallunterscheidungen durchgeführt werden. Innerhalb von Greiftyp 2 (prismatischer Präzisionsgriff) beispielsweise können drei Fälle unterschieden werden (Bild 5-14). Eine Objektdicke, die kleiner als die maximale Öffnungsweite zwischen Daumen und Fingergrundkörper ist, führt zum ersten Berechnungsfall. Ist ein Objekt dicker als diese Öffnungsweite, so wird das Objekt nur noch vom zweiten Fingersegment und der Fingerspitze gehalten. Im dritten Fall wird bei zunehmender Objektdicke das Objekt nur noch vom vorderen Fingergelenk gehalten. Da die Finger unterschiedlich lang sind, muß die Berechnung der Achswinkel für jeden der Finger getrennt durchgeführt werden.

Die Auswahl des Greiftyps erfolgt durch den Anwender oder automatisch ausgehend von Informationen, die der Objektgeometrie hinterlegt werden und die mit Attributen der Arbeitsaufgabe (Präzision, Kraftaufbringung) verknüpft werden können.

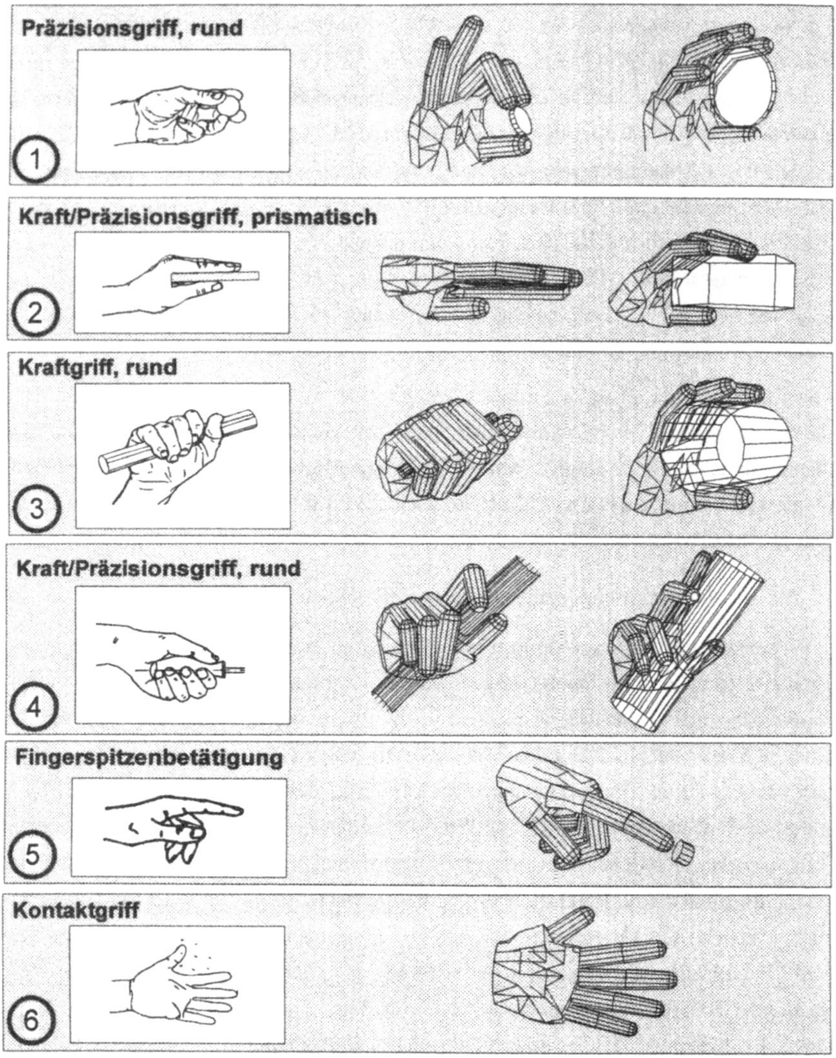

Bild 5-13: Auswahl von sechs Standardgreifarten für die Simulation

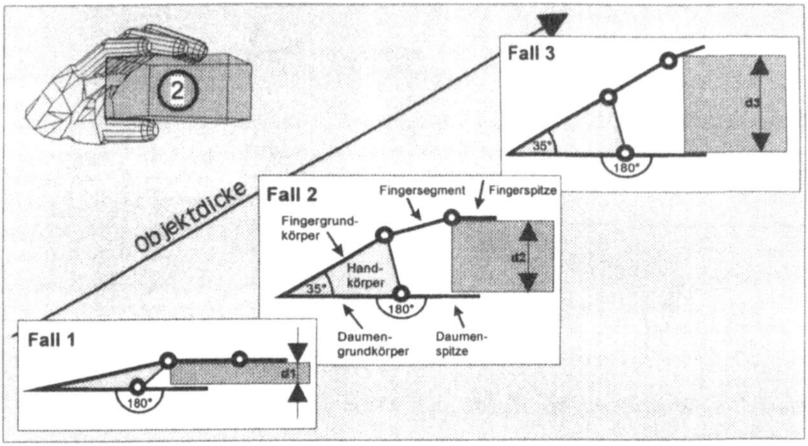

Bild 5-14: Fallunterscheidungen bei der Vorformung der Hand (Bsp. Greiftyp 2)

5.7.3 Plazierung der Hand

Nach der groben Vorformung der Hand wird automatisch ein ortsfest auf der Hand liegendes Bezugskoordinatensystem so generiert, daß jeweils eine Koordinatenachse mit einer Symmetrieachse des zu greifenden Objektes zusammenfällt (Bild 5-15). Je nach Definition des von der Greifart abhängigen handseitigen Frames müssen am Objekt ein oder mehrere Zielframes erzeugt werden. Die Plazierung der Frames am Objekt ist abhängig von der Objekttopologie, aber auch von anderen Einflußgrößen, wie z.B. Oberflächeneigenschaften, Schwerpunktslage. Die Lage der Frames ist eine Eigenschaft des Objektes und kann dem Objekt bei der Konstruktion oder bei der Abbildung im Simulationssystem hinterlegt werden. Bei Objekten, die diese Information nicht hinterlegt haben, kann über eine grobe Annäherung des Objektes als Quader, Zylinder oder Kugel ein erster Anhaltspunkt für die Generierung der Frames bestimmt werden (Bild 5-16). Der Quader ist hierbei der umhüllende Quader der Objektgeometrie. Die Annäherung als Zylinder verwendet die größte Hauptträgheitsachse als Zylinderachse und die Annäherung als Kugel legt den Mittelpunkt der Kugel in den Schwerpunkt des Objektes. Entlang der Symmetrieachsen kann eine Anzahl von Frames generiert werden.

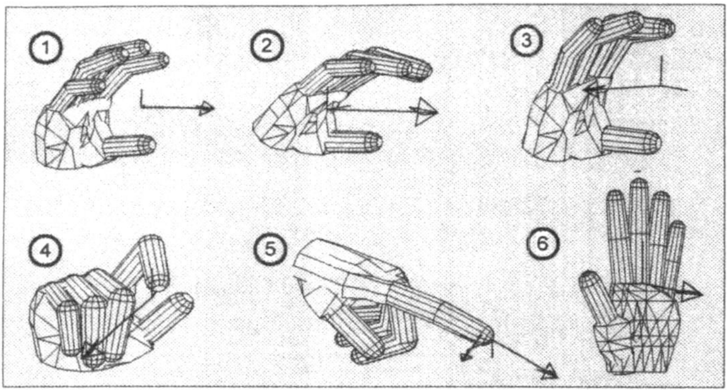

Bild 5-15: Generierung von Handframes abhängig vom Grifftyp

Die Plazierung der Hand erfolgt über den Aufruf der Rücktransformation (s.Kap.5.6.1), die den handseitigen Frame mit dem objektseitigen Frame zur Deckung bringt. Bei mehreren möglichen Stellen, an denen das Objekt im Rahmen der kinematischen Beweglichkeit gegriffen werden kann, muß die wahrscheinlichste ausgewählt werden. Als erstes werden die geometrischen Randbedingungen abgeprüft, und Varianten ausgeschlossen, die zu Kollisionen mit der Umgebung führen. Anschließend kann durch Bewertung der Körperhaltung (s.Kap.6.6) die Greifposition mit der geringsten zu erwartenden Belastung ausgewählt werden.

5.7.4 Schließen der Hand

Durch iteratives Verändern der Fingerachswinkel werden die Gelenke jedes Fingers solange geschlossen, bis durch die Kollisionsrechnung eine Berührung mit dem Handkörper oder dem Objekt festgestellt wird. Wenn die Hand geeignet vorgeformt wurde, kann dadurch für fast alle Objekte eine realistische Greifhaltung ermittelt werden (Bild 5-16).

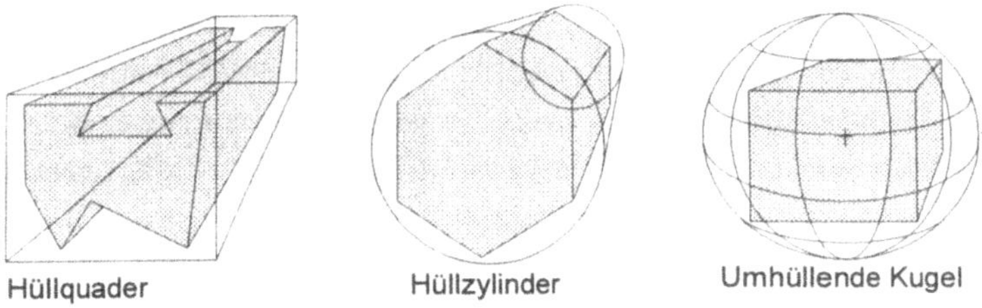

Bild 5-16: Vereinfachung der Objekttopologie von unregelmäßigen Körpern

5.8 Berücksichtigung weiterer Einflußgrößen

5.8.1 Kollisionsüberprüfung

Aufgrund der geometrischen Randbedingungen können Kollisionen des Menschmodells mit Umgebungsobjekten sowie Eigendurchdringungen der Körpergeometrien auftreten. Die Berücksichtigung dieser räumlichen Interaktion ist bei der Untersuchung der Zugänglichkeit von Montagestellen und bei der Untersuchung von Freiräumen (z.B. Wartungsarbeiten im Motorraum eines PKW) von besonderer Bedeutung. Die Kollision wird automatisch erkannt und angezeigt.

5.8.2 Sichtbarkeit und Verdeckung von Arbeitspunkten

Ein weiterer Faktor, der die Körperhaltung beeinflußt, sowie ein wichtiges Kriterium für die ergonomische Bewertung ist die Einsehbarkeit von Arbeitspunkten, Sichtbarkeit und Verdeckung von Objekten, Fügestellen, optischen Gefahrensignalgebern oder Bildschirmen. Zur Analyse der Sichtbarkeit und Verdeckung von Objekten wird eine Graphikkamera *(OpenGL 1993)* auf dem Kopfobjekt des Menschmodells plaziert und fest verbunden. Dadurch kann der Planer den Produktentwurf und den Arbeitsablauf aus Sicht des Menschmodells beurteilen (Bild 5-17). Die Verdeckung durch Schutzkleidung (z.B. Schutzhelm) kann so ebenfalls berücksichtigt werden. Mit dieser Funktion wird letztendlich der Sehstrahl zu einem Punkt im Raum ermittelt, zur Ermittlung von Blick- und Gesichtsfeldern dienen vordefinierte Geometrieobjekte *(Pfrang 1990)*.

Zur Festlegung der Position des Sichtreferenzframes ist die Kenntnis der Lage der Augen im Geometrieobjekt des Kopfes erforderlich. Diese Information ist aus den zur Generierung des Menschmodells verwendeten anthropometrischen Daten (s.Kap.4.9) bekannt. Der Sichtframe ist in der Mitte zwischen den beiden Augen plaziert und die Sehachse ist entsprechend der Ruheposition der Augen um 15° (*DIN 33408, Grandjean 1991*) gegen die Horizontale geneigt (Bild 5-17). Die Lage des Sichtframes kann über eine Schnittstellenfunktion beliebig angepaßt werden, um beispielsweise Augenbewegungen zu modellieren. Der Öffnungswinkel der Graphikkamera, aus dem sich die Perspektive ergibt, wird auf einen Wert von 50° eingestellt, der eine realistischen Bildeindruck vermittelt. Es ist möglich, zwei Graphikkameras zu befestigen und so ein Stereobild der dreidimensionalen Szenerie zu erhalten. Mit einem entsprechenden Stereobild-Ausgabemedium ist die Integration in eine "virtuelle Realität"- Umgebung möglich.

Die Kopfhaltung und damit die Blickrichtung wird beim Bewegen des Menschmodells automatisch auf den jeweils aktiven Zielreferenzframe gerichtet. Bei Verrichtung einer Aufgabe mit beiden Händen beispielsweise wird der Blick auf den Mittelpunkt beider Hände eingestellt.

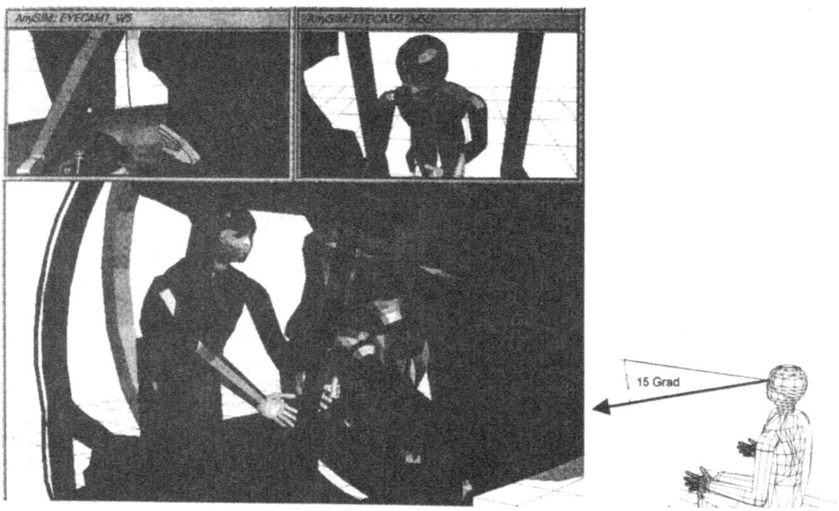

Bild 5-17: Blick aus den Augen der Menschmodelle

5.8.3 Körpergleichgewicht und Kräfte

Aufgrund der schmalen Standfläche und des relativ großen Abstands des Körperschwerpunktes vom Boden wird das Körpergleichgewicht im Stehen von der Muskulatur aufrecht erhalten. Durch eine einfache statische Gleichgewichtsbetrachtung kann überprüft werden, ob die Gesamtresultierende der am Gesamtschwerpunkt aller Körperteile (s.Kap.4.8.3) angreifenden Gewichtskraft und der äußeren Kräfte (s.Kap.6.4.4) sich außerhalb der durch die Berührpunkte mit dem Boden aufgespannten Standfläche befindet (Bild 5-18). Der Betrag des Kippmomentes wird bei Ungleichgewicht aus dem Abstand des Schwerpunktes von der Standfläche bestimmt und ausgegeben.

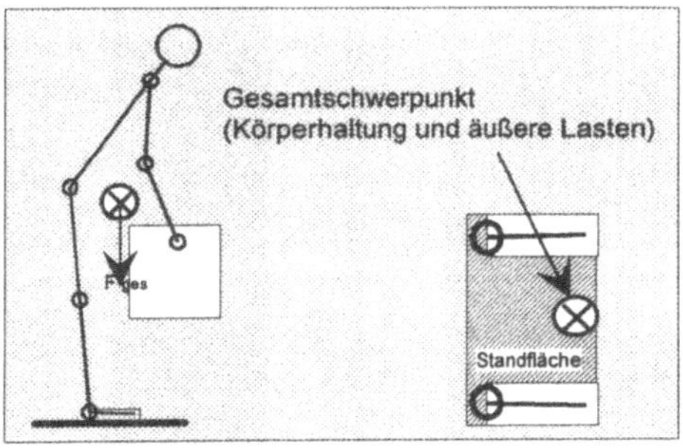

Bild 5-18: Körpergleichgewicht

5.9 Zusammenfassung und Ergebnisse

Mit den entwickelten Funktionalitäten zur Bewegungsmodellierung können vom Anwender schnell und interaktiv Bewegungsabläufe generiert werden. Durch die Integration einfacher Strategien zur Auswahl wahrscheinlicher Körperhaltungen wird die Prognosequalität im Rahmen der für die allgemeine Produkt- und Arbeitssystemgestaltung erforderlichen Genauigkeit erhöht. Die Simulation von Hinlang- und Greifvorgängen als wesentlicher Bestandteil von Arbeitsabläufen ist durch eine Systematik der Greifarten und eine automatisierte Greifmodellierung signifikant vereinfacht. So kann auch die Greifart als wesentliche Randbedingung der eingenommenen Körperhaltung berücksichtigt werden. Die erzeugten Bewegungsabläufe können auf Plausibilität und Übereinstimmung mit verschiedenen weiteren Randbedingungen, wie z.B. Sichtbarkeit und Kollisionen mit Umgebungsobjekten überprüft werden. Auf Basis des für eine Menschmodellgröße generierten Bewegungsablaufs können nun Belastungsanalysen durchgeführt werden.

6 Anbindung von Verfahren zur Belastungsanalyse

6.1 Zielsetzung dieses Kapitels

Der vom Planer erstellte virtuelle 3D-Prototyp soll im Hinblick auf die bei der Ausführung des in Kap.5 generierten Bewegungsablaufs resultierenden ergonomischen Belastungen analysiert werden (Bild 6-1). Durch die Anbindung **verschiedener** ausgewählter **Verfahren** zur Belastungsanalyse, die jeweils unterschiedliche Aspekte der Belastung behandeln, soll ein möglichst umfangreiches Bild der Belastungssituation gezeichnet werden. Die Durchführung der Analysen soll **weitgehend automatisch** im Hintergrund erfolgen, wobei die für die Belastungsermittlung notwendigen Daten soweit als möglich aus dem virtuellen Prototyp abgeleitet werden, um eine hohe **Zuverlässigkeit** der Eingangsdaten und **Transparenz** der Ergebnisse zu erreichen. Da es verschiedene länder- und firmenspezifische Verfahren gibt und im Bereich Ergonomie weitere Forschungsergebnisse zu erwarten sind, soll die Anbindung an das Planungssystem über eine **offene Schnittstelle** erfolgen, welche die Koppelung mit weiteren Verfahren zur ergonomischer Belastungsanalyse erlaubt.

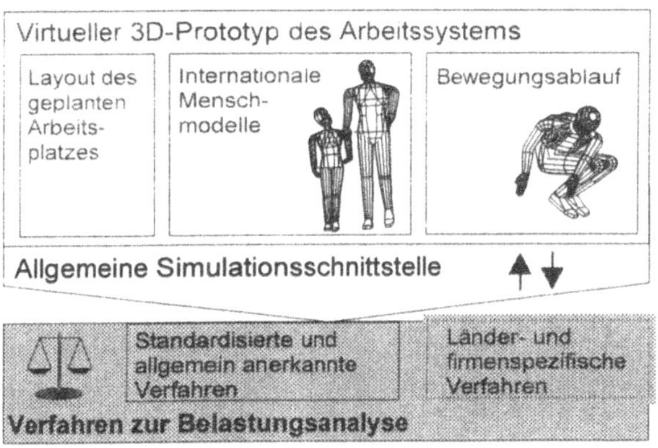

Bild 6-1: Anbindung von Verfahren zur Belastungsanalyse als Baustein des flexiblen Planungssystems

6.2 Erfassung von Belastungsarten

Die Beanspruchung des Menschen als die eigentlich maßgebliche Größe resultiert aus der Gesamtheit aller einwirkenden Belastungen. Zum Untersuchungszeitpunkt sind meist noch nicht alle Belastungen des zukünftigen Arbeitssystems festgelegt (Bild 6-2). Die schon festgelegten und bestimmbaren Belastungen sind nur teilweise quantitativ und objektiv beschreibbar (Belastungsgrößen). Für viele Belastungsarten existiert nur eine unscharfe, qualitative Beschreibung (Belastungsfaktoren) *(Luczak 1975)*. Viele Daten können automatisch aus dem geometrisch orientierten virtuellen Prototyp abgeleitet, weitere Einflußgrößen der Belastung interaktiv eingegeben werden. Die Gesamtbelastung auf den Menschen kann letztendlich weder an einem virtuellen Prototyp noch an einem Versuchsaufbau, sondern erst am realen Arbeitssystem unter realistischen Umständen vollständig ermittelt und bewertet werden (s.Kap. 3.2.1).

Ausgehend von dem von *Schmidtke (1976)* vorgeschlagenen ergonomischen Bewertungsverfahren, bei dem in sieben Klassen verschiedene Bewertungsmerkmale für Arbeitssysteme zusammengestellt sind, können die einzelnen Aspekte, die letztendlich alle zur Gesamtbelastung des Menschen beitragen, näher untersucht werden

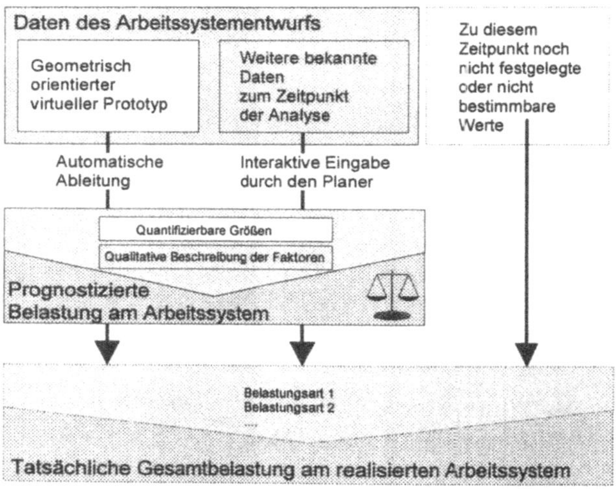

Bild 6-2: Arbeitssystemdaten und prognostizierte sowie tatsächliche Belastung

(Bild 6-3). Es wird bewertet, ob die Analyse des Merkmals auf objektiven, meßbaren Größen beruht und ob das jeweilige Merkmal durch Datenableitung aus dem geometrisch orientierten Prototyp, für den schon manuelle Ausführzeiten nach einem System vorbestimmter Zeiten ermittelt wurden (s.Kap.3.5), untersucht werden kann. Ist beides der Fall, so kann durch Verwendung der im Planungssystem vorhandenen Daten weitgehend automatisch die Analyse durchgeführt werden.

Die Klassen **Konfiguration des Arbeitsplatzes** sowie **Physische Belastung** sind weitgehend im System bewertbar. Die **Körperhaltung bei der Arbeit** ist in Abhängigkeit der anthropometrischen Körpermaße und Umgebungsrandbedingungen im Rahmen der Genauigkeit des abgebildeten Bewegungsablaufs (s.Kap.5) im System abbildbar. Die Bewertungsmerkmale **Anthropometrische Arbeitsplatzgestaltung** und **Muskelbelastung** sind im wesentlichen objektiv beschreibbar, werden zum großen Teil durch geometrisch bestimmte Randbedingungen festgelegt und sind aus dem geometrischen Prototyp automatisch ableitbar. Bei Muskelarbeit wird unterschieden zwischen statischer Haltungs- bzw. Haltearbeit (keine oder nur geringe Bewegungsgeschwindigkeit), einseitig dynamischer (kleine Muskelgruppen) und schwer dynamischer Muskelarbeit (große Muskelgruppen) (Bild 6-4). Die **Zugänglichkeit des Arbeitsplatzes** umfaßt auch Bodenbeläge, Materialtransportwege und Hindernisse am und auf dem Weg zum Arbeitsplatz, die durch den Planer interaktiv bewertet werden müssen. Da die optischen Eigenschaften der Objekte (Farben, Reflexion) und die Position und die Eigenschaften der Lichtquellen im Planungssystem definiert werden können, ist eine Untersuchung von **Blendung** und **Beleuchtung** im Planungssystem sinnvoll. Für die Umwelteinflußfaktoren **Klima, Lärm, mechanische Schwingungen, Druck und Stoßeinwirkungen** ist eine Untersuchung im Planungssystem und die automatische Ableitung aus dem geometrisch orientierten System nur dann möglich und sinnvoll, wenn die benötigten Daten (Temperaturverteilungen, Lärmprofile, Materialdämmwerte, usw.) zum Planungszeitpunkt schon hinreichend bekannt sind und bereitgestellt werden können. Wegen der physikalisch teils nur mit hohem Aufwand zu berechnenden Zusammenhänge wird die Untersuchung im Moment nicht durchgeführt. Die Umwelteinflüsse **Schmutz, Staub, Nässe und toxische Einflüsse** weisen kaum Bezug zur Geometrie auf. Daher ist das Planungssystem zur Untersuchung dieser Umwelteinflüße nicht geeignet.

Merkmalsklassen	Beschreibung und Analyse (1=vorwiegend quantitativ, 2=qualitativ und quantitativ, 3=vorwiegend qualitativ)	Datenableitung aus geometrisch orientiertem Prototyp (1=sehr gut,... 4=nicht möglich)
Konfiguration des Arbeitsplatzes		
Anthropometrische Arbeitplatzgestaltung	1	1
Körperhaltung bei der Arbeit	1	1
Zugänglichkeit des Arbeitsplatzes	2	1
Arbeitsicherheitstechnische Auslegung		
Sicherheitstechnische Arbeitsgestaltung	2	3
Rettungswege und Rettungsmittel	2	3
Physische und informatorische Belastung		
Dynamische Muskelbelastung	1	1
Einseitige Muskelbelastung	1	1
Statische Muskelbelastung	1	1
Belastung durch Überwachungs- und Kontrollaufgaben	3	4
Belastung durch Steuerungs- und Regelungsaufgaben	3	4
Belastung durch Aufgabenwiederholung	3	4
Umwelteinflüsse		
Hitzeklima	1	3
Lärm	1	3
Mechanische Schwingungen	1-2	4
Stoßeinwirkungen, Unter- / Überdruck	2	4
Beleuchtung	1	1
Blendung	1	1
Lichtmangel	2	2
Toxische Einflüsse, Schmutz, Staub, Nässe	2	4
Auslegung der Arbeitsmittel		
Anzeigen - Positionierung	1	1
Anzeigen - Ablesbarkeit	1-2	3
Sonstige optische Informationsmittel	1	3
Nutzfrequenz von Anzeigen	1	3
Kommunikationsmittel	3	4
Bedien- und Stellteile - Positionierung	1	1
Bedien- und Stellteile - Dimensionierung	1-2	2
Bedien- und Stellteile - Codierung	1	2-3
Gesamtbedienbarkeit	3	2-3
Werkzeuge und Vorrichtungen	2	2
Arbeitstische, Werktische und Konsolen	1-2	1
Körperunterstützungen (Sitze)	1-2	1
Wartbarkeit	1	1
Arbeitsorganisation		
Arbeitszeitregime, Arbeitsablauf	1	3
Ausbildungsgrad		
Vor- und Ausbildungserfordernisse	3	3

Nur wenige oder keine Aspekte im Planungssystem analysierbar
Teilweise gut analysierbar im Planungssystem
Nahezu alle Aspekte im Planungssystem sehr gut analysierbar

Bild 6-3: Bewertungsmerkmale nach Schmidtke (1976) und Datenableitung

Muskelbelastungsart	physiolog. Grobgliederung	biomechanische Kennzeichen	Kennzeichen der Beanspruchung
statische Haltungsarbeit	statisch	innerer Kraftschluß, keine Bewegung	Mangeldurchblutung des Muskels ab 15% der maximal möglichen Kraft.
statische Haltearbeit		äußerer Kraftschluß, keine Bewegung	
einseitig dynamische Muskelarbeit	dynamisch	äußerer Kraftschluß, Bewegung kleiner Muskelgruppen mit hoher Frequenz	Arbeitsfähigkeit des Muskels beschränkt
schwer dynamische Muskelarbeit		äußerer Kraftschluß, Beweg.v. Muskelgrup. >1/7 d. Gesamtmuskelmasse	Leistungsfähigkeit der Versorgungssysteme (Atmung, Kreislauf, ...) beschränkt

Bild 6-4: Gliederung der muskulären Belastungsarten nach HdE (1989)

Die Bewertungsmerkmale **Positionierung von Anzeigen** und **Positionierung von Bedien- und Stellteilen** können durch Einsatz des Menschmodells und der Funktionalität des "Blicks mit den Augen des Menschmodells" (s.Kap.5.8.2) überprüft werden. Die **Dimensionierung der Bedien- und Stellteile** und die Merkmale **Arbeitstische, Werktische und Konsolen**, **Werkzeuge und Vorrichtungen** und **Körperunterstützungen** können mit Hilfe des Menschmodells auf Anpaßbarkeit an verschiedene Größen untersucht werden. Weitergehende Analysen erfordern den Einsatz von Gestaltungsrichtlinien (s.Kap.2.5.2). Kriterien für eine Bewertung der Faktoren **Nutzungsfrequenz von Anzeigen**, **Kommunikationsmittel** und **Gesamtbedienbarkeit** sind nicht bekannt, eine automatische Erfassung scheidet deswegen aus.

Die **Wartbarkeit** von Arbeitsmitteln kann hervorragend in einem geometrisch orientierten System mit einem Menschmodell mit realistischer Beweglichkeit untersucht werden. Auch wenn die Faktoren der Belastungsmerkmalklassen **Arbeitsorganisation** und **Aus- und Vorbildung** in Teilbereichen automatisch erfaßbar scheinen (z.B. Taktzeit), enthalten die Faktoren wesentlich mehr als eine auf einen Einzelarbeitsplatz bezogene Auswertung, so daß die Erfassung unvollständig bleiben muß. Die Klasse Ausbildungsgrad und die informatorische Belastung lassen sich nicht zu einem frühen Zeitpunkt bewerten bzw. die sich daraus ergebende Beanspruchung ist unerforscht.

6.3 Anforderungen an die Anbindung von Verfahren zur Belastungsanalyse

Um das Planungswerkzeug umfassend einzusetzen und weltweit verschiedene Verfahren zur Belastungsanalyse nutzen zu können, ist eine flexibel erweiterbare Anbindung der Verfahren notwendig (Bild 6-5). Relevante Daten sollen direkt aus der Simulation abgeleitet werden, um die Transparenz und Zuverlässigkeit zu erhöhen. Ausgewählte objektive Verfahren, die möglichst viele Aspekte der Gesamtbelastungssituation berücksichtigen, sollen vom System unverändert zur Verfügung gestellt werden.

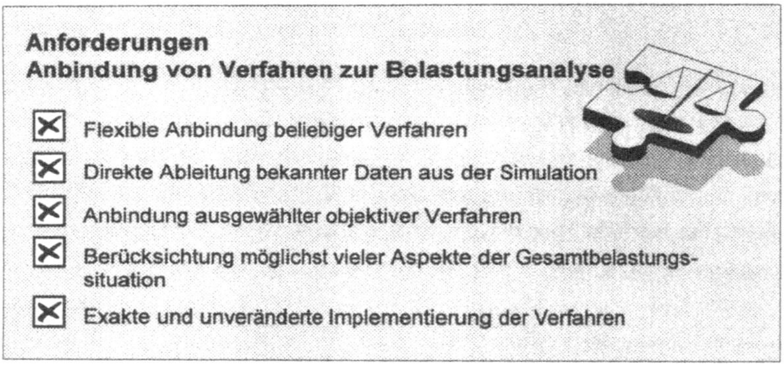

Bild 6-5: Anforderungen Belastungsanalyseverfahren

6.4 Schnittstelle zur flexiblen Anbindung von Verfahren zur Belastungsanalyse

6.4.1 Aufbau der allgemeinen Schnittstelle

Im folgenden sollen die Grundbausteine für die Anbindung der Belastungsanalyseverfahren entwickelt werden. Das Konzept zur Anbindung von Verfahren zur Belastungsanalyse ist aufgeteilt in den Planungssystemteil, in dem der virtuelle Prototyp aufgebaut ist und in den flexibel anpaßbaren Teil, der über Schnittstellenfunktionen auf notwendige Daten aus dem virtuellen Prototypen zugreift (Bild 6-6). Der Pla-

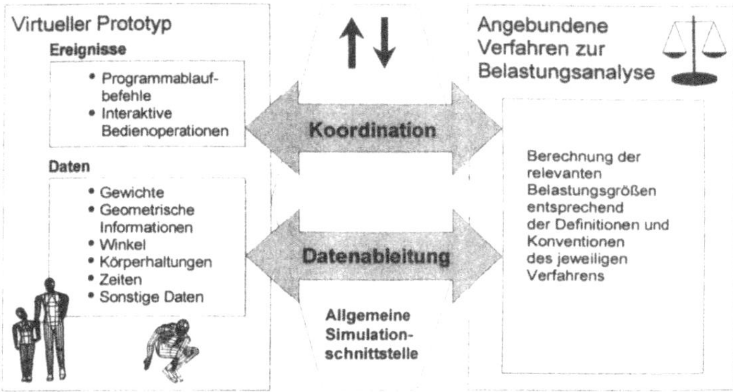

Bild 6-6: Vorgehensweise zur Anbindung von Verfahren zur Belastungsanalyse

nungssystemteil mit Möglichkeiten zur Anpassung an die Verschiedenheit des Menschen (s.Kap.4.5 und Kap.5.5.4) ist vom jeweiligen Analyseverfahren unabhängig und dient als gemeinsame Grundlage aller umgesetzten Verfahren. Zur Koordination können für bestimmte Ereignisse (z.B. interaktive Eingaben des Anwenders oder Ausführung von Programmablaufbefehlen) Funktionen des Anwenderprogramms registriert werden, die bei Eintreffen des Ereignisses aufgerufen werden. Daten des virtuellen Prototyps können zu einem beliebigen Zeitpunkt abgefragt werden. Wie in Kap.3.4 beschrieben, können beliebig viele verschiedene Verfahren gleichzeitig an das Planungssystem angebunden werden.

6.4.2 Überblick der ableitbaren Daten

Folgende Daten können zur ergonomischen Analyse und Bewertung aus dem virtuellen Prototypen abgeleitet werden:

- Winkelstellung der Gelenke zu einem Zeitpunkt: Aus dieser Information kann die aktuelle Position beliebiger Punkte auf den Körperelementen bestimmt werden.
- Dauer der einzelnen Bewegungen: Nach Durchführung einer Zeitanalyse (s.Kap.3.5) ist die Dauer der einzelnen Bewegungen, bei Hinterlegung entsprechender genauerer Bewegungsalgorithmen (s.Kap.5.5) auch der Geschwindigkeits- und Beschleunigungsverlauf bekannt. Aus dem Weg-Zeit-Verlauf können auch statische und dynamische Bewegungen unterschieden werden.

- Externe Gewichts-, Trägheits- und Wirkkräfte, die auf den menschlichen Körper wirken mit Kraftrichtung, Kraftbetrag und dem Angriffspunkt der Kraft.
- Aus der aktuellen Position des Kopfes und damit des Sichtframes nach Kap.5.8.2 kann das Blickfeld bestimmt werden.
- Die Gewichtskraft der Körperelemente kann aus den hinterlegten Gewichten und Schwerpunkten der Körperelemente ermittelt werden (s.Kap.4.8.3).
- Beleuchtungssituation mit Lage, Beleuchtungsverteilung, und -intensität der einzelnen Lichtquellen, und Reflexion der Umgebungsobjekte. Diese Daten können in der Simulationsumgebung (s.Kap.3.5) modelliert werden.

Diese Informationen stehen zur arbeitswissenschaftlichen Auswertung zur Verfügung. Dies gilt unter der Voraussetzung, daß die unter Kap.4 und Kap.5 dargestellten Methoden zur Generierung von Menschmodell und Bewegungsablauf einen im Rahmen der geforderten Genauigkeit "richtigen" virtuellen Prototypen generiert haben.

6.4.3 Ableitung der geometrischen Informationen und Zeitanteile

Es können alle Gelenkwinkel des Menschmodells abgefragt werden. Diese Information beschreibt die jeweilige Körperhaltung vollständig. Aus den Übergangsbeziehungen der Kinematikstruktur (s.Kap.4.7.2) kann die Position jedes Körperelementskoordinatensystems bestimmt werden. Die Koordinaten eines Punktes, die in diesem System (Generierungssystem des Geometrieobjektes) bekannt sind, können so in ein beliebiges Bezugssystem zurückgerechnet werden. Aus den Schnittpunkten sich schneidender Achsen kann die Lage von Gelenkpunkten im Raum bestimmt werden. Für die Analyse der Belastung ist auch der zeitliche Ablauf und die Dauer der Tätigkeitsabschnitte von Bedeutung. Die Dauer der einzelnen Bewegungen kann über die Abfrage der internen Uhr des Systems ermittelt werden. Voraussetzung für die Verwendbarkeit dieser Daten ist die zeitrealistische Abbildung der Bewegungssimulation (s.Kap.5).

6.4.4 Ableitung von auf den Körper wirkenden Kräften

6.4.4.1 Definition des Kraftangriffspunktes in den Händen

Für einige Verfahren ist die Lage des Angriffspunktes einer Kraft auf die Hand relativ zum Körper bei der Kraftausübung zu bestimmen (*Schultetus 1980, Waters et al. 1994*). Die Position des Kraftangriffspunktes (KAP) relativ zur Hand liegt laut *Waters et al. 1994* am Wurzelpunkt des Mittelfingers. Diese Position auf der Oberfläche der Innenhand in Höhe des ersten Mittelfingergelenks wird bei der Datenableitung im Planungssystem ortsfest auf dem Handkörper liegend angenommen, da ein Öffnen oder Schließen der Hand die Lage dieses Punktes nur wenig ändert (Bild 6-7). Der Kraftangriffspunkt wird automatisch aus dem Kinematikmodell und der Geometrieinformation des Menschmodells berechnet und ist somit für jede generierte Größe des Menschmodells (s.Kap.4) auf den passenden Wert gesetzt. Über eine Schnittstellenfunktion kann der Kraftangriffspunkt (beispielsweise bei einer methodenspezifisch anderen Festlegung oder von der Greifart abhängig anderen Lage) auf einen anderen Wert gesetzt werden.

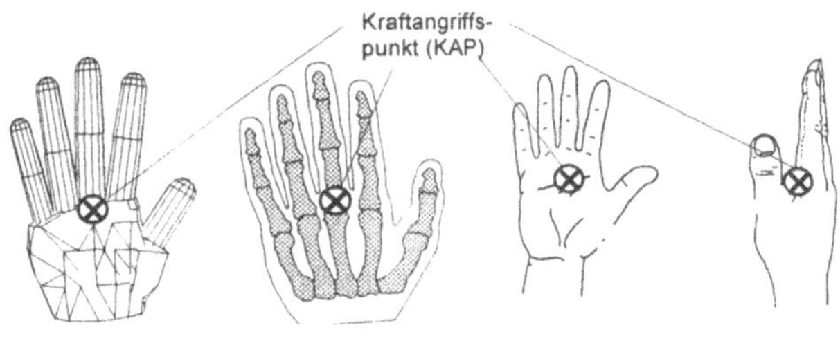

Bild 6-7: Lage des Kraftangriffspunktes relativ zur Hand

6.4.4.2 Erkennung der angreifenden Gewichtskräfte sowie -momente

Die Gewichtskräfte wirken auf den menschlichen Körper bei der Handhabung massebehafteter Gegenstände. Jedem Geometrieobjekt in der Simulation können Attribute wie physikalische Eigenschaften des Objektes (Masse, Volumen, Trägheitsmomente, Schwerpunkt eines Objektes) hinterlegt werden, wobei bei homogenen Objekten aus der Dichte und der bekannten Geometrie diese Daten auch automatisch berechnet werden können. Über das Bewegungsablaufprogramm (s.Kap.3.5 und Kap.5.3), das auf der Arbeitsablaufvorgabe basiert, ist sowohl die Bewegung des Menschmodells festgelegt als auch die Information, wann und mit welcher Hand (rechts, links, beidhändig) Objekte gegriffen bzw. losgelassen werden (Bild 6-8). An jedem gegriffenen Objekt können beliebig viele weitere Objekte hängen. Das mit der jeweiligen Hand verbundene Gewicht wird durch eine Rekursion berechnet. Bei beidhändigem Greifen kann die Verteilung der Kräfte entweder automatisch aus der Schwerpunktslage relativ zu den Kraftangriffspunkten der linken und rechten Hand bestimmt werden (Bild 6-8) oder bei der Definition des Greifvorgangs durch den Anwender angegeben werden. Durch Angabe von negativen Werten können auch Schwerpunkte außerhalb der Griffweite simuliert werden, die zu nach unten gerichteten Reaktionskräften an einer Hand führen. Für eine Belastungsanalyse können auch die Gewichte der einzelnen Körpersegmente bedeutsam sein. Die Ableitung dieser Kräfte erfolgt analog zu den externen Kräften.

Auf die Information, welche Gewichtskräfte auf das Menschmodell wirken, kann über eine Schnittstellenfunktion zugegriffen werden.

6.4.4.3 Erkennung der angreifenden Wirkkräfte sowie -momente

Alle Kraftarten, deren Ursache nicht die Gewichtskraft sind, sollen als Wirkkräfte bezeichnet werden. Im Bewegungsablaufprogramm kann ein Befehl eingetragen werden, wonach bei der nächsten ausgeführten Bewegung des Menschmodells von

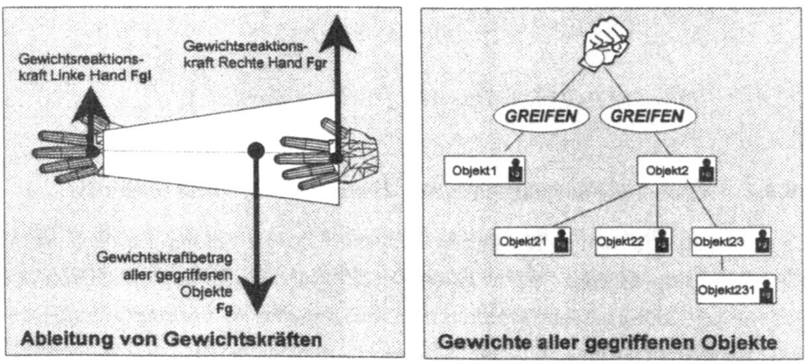

Bild 6-8: Ermittlung der Gewichtskräfte

einer Wirkkraft mit dem anzugebenden Kraftwert für die linke bzw. rechte Hand ausgegangen wird. Es wird in erster Näherung davon ausgegangen, daß die Wirkkraft in Richtung des Zielpunktes der Bewegung der Hand zeigt und am Kraftangriffspunkt (s.Kap.6.4.4.1) wirkt ("Seilzuglinie", Bild 6-9). Diese Annahme ist in vielen in der Praxis auftretenden Fällen (Schieben eines Gegenstandes gegen den Reibungswiderstand, Umlegen eines Hebels) mit guter Näherung ausreichend.

Der Kraftrichtungsvektor kann vom Anwender, falls die Annahme nicht zutrifft, interaktiv verändert werden. Auf die einzelnen Wirkkräfte sowie auf die durch vektorielle Addition mit den Gewichtskräften ermittelte Gesamtangriffskraft (Bild 6-9) kann über eine Schnittstellenfunktion zugegriffen werden.

6.4.4.4 Statische und dynamische Kraftaufbringung

Aus der zeitlichen Änderung der Gelenkwinkel des Menschmodells (s.Kap.6.4.3) kann auf die Kraftart geschlossen werden. Bleiben die Gesamtreaktionskraft, Lage und Orientierung des Kraftangriffspunktes relativ zum jeweiligen Referenzsystem der Muskelgruppe (beim Hand-Armsystem der Oberkörper) länger als einen bestimmten Zeitbetrag in einer bestimmten räumlichen Umgebung unverändert und bleibt die Winkelgeschwindigkeit der Gelenkwinkel der jeweiligen Muskelgruppe unterhalb eines Grenzwertes, so wird von einer statischen, sonst von einer dynamischen Kraftaufbringung ausgegangen. Nach *Siemens AG 1981* und *Schultetus 1980* kann ein Zeitwert von 0,1 min angenommen werden.

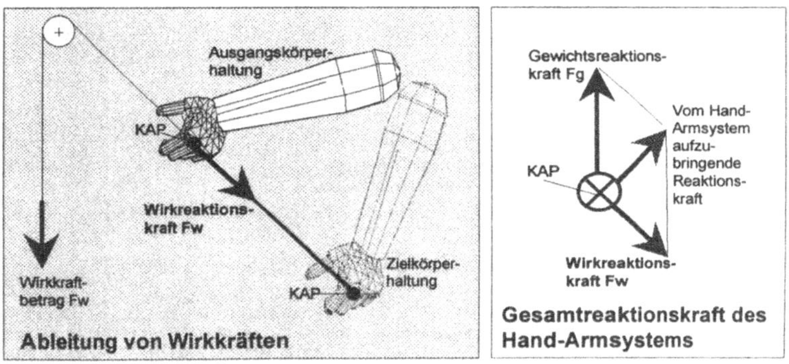

Bild 6-9: Bestimmung von Wirkkräften und Überlagerung mit Gewichtskräften

6.4.5 Ableitung weiterer Daten

Zur Durchführung von Analysen zu Sichtbarkeit und Verdeckung relevanter Objekte im Arbeitssystementwurf, die über die in Kap.5.8.2 gezeigten Untersuchungen hinausgehen, kann die jeweils aktuelle **Position und Orientierung des Kopfes** im Raum aus den Gelenkwinkeln der kinematischen Kette berechnet werden. Zur Bestimmung des Blickfelds ist zusätzlich die Kenntnis der Lage der Augen im Geometrieobjekt des Kopfes sowie der Blickrichtung (s.Kap.5.8.2) erforderlich. Durch einfache geometrische Berechnungen kann eine mögliche Verdeckung automatisch erkannt werden. Für viele ergonomische Verfahren ist es notwendig, die **Häufigkeit der Tätigkeit**, bezogen auf eine Bezugszeit, die im industriellen Umfeld beispielsweise die Schichtdauer sein kann, zu ermitteln (*Siemens AG 1981, Schultetus 1980*). Da dieser Wert von verschiedenen Verfahren benötigt wird, kann dieser Wert in der Oberfläche des Planungssystems gesetzt werden und über die Simulationsschnittstelle verändert bzw. abgefragt werden.

Wie *Kummetsteiner (1994)* gezeigt hat, kann aus den Kodes der MTM-Analyse auf die **Arbeitsaufgabe** weitgehend automatisch rückgeschlossen werden. Die zur jeweiligen Bewegung gehörenden Kodes der MTM-Ausführzeitanalyse können daher über eine Schnittstellenfunktion abgefragt werden. Soweit dies für die jeweilige Analysemethode und die auftretenden Belastungen von Bedeutung ist, kann somit die zur jeweiligen Bewegung gehörende Tätigkeit abgeleitet werden.

6.4.6 Kommunikation mit dem Anwender

Zusätzlich können Daten vom Anwender aus der Simulationsumgebung heraus interaktiv angefordert werden. Hierbei muß in der Schnittstellenfunktion der Abfragetext sowie der Datentyp und der zulässige Bereich angegeben werden. Auf diese Weise können weitere für die Analysemethode benötigte, nicht direkt aus dem geometrisch orientierten virtuellen Prototyp ableitbare Daten (z.B. Alter, Trainiertheit, Gesundheitszustand) vom Anwender eingegeben werden.

Nach der Berechnung von Analyseergebnissen müssen diese in einer geeigneten Weise dargestellt werden (s.Kap.6.6.6). Es soll möglich sein, die Ergebnisse und Hinweise zur Verbesserung der Belastungssituation im virtuellen Prototyp auszugeben. Im Graphikfenster sollen Linien in einer beliebigen Farbe gezeichnet werden können, um beispielsweise Kraftvektoren darzustellen oder Körpersegmente eingefärbt werden, um die betroffenen Körperregionen zu kennzeichnen. Über eine Schnittstellenfunktion können daher neue Geometrien eingefügt bzw. die Attribute von existierenden Geometrien im Layout abgefragt und geändert werden. Über eine weitere Funktion können Texte über eine beliebigfarbige Fensterausgabe an den Anwender ausgegeben werden, beispielsweise zur Meldung von Überschreitung eines Grenzwertes. Weiter können von dem Anwenderprogramm Daten in eine gemeinsame Dokumentationsdatei geschrieben werden.

6.4.7 Ereignisorientierte Registrierung von Funktionen

Neben dem Datenaustausch ist das zweite Element der offenen Schnittstelle die Koordination des Anwenderprogramms mit dem Planungssystem (Bild 6-6). Für die angebundene Analysemethode müssen zu genau festgelegten Zeitpunkten, die sich letztendlich aus den Verfahrensvorschriften der Methode ergeben, die für die Durchführung der Analyse notwendigen Daten bestimmt werden. Für bestimmte Ereignisse der Simulation können daher Funktionen registriert werden, die bei Eintreffen des Ereignisses aufgerufen werden (Bild 6-10). Die Aktivierung bzw. Deaktivierung der Ergonomieanalysen bzw. der Hilfefunktion über einen Schalter in der Bedienoberfläche des Systems ist ein solches Ereignis.

Weitere Ereignisse sind mit der Simulation des Bewegungsablaufprogramms ver-

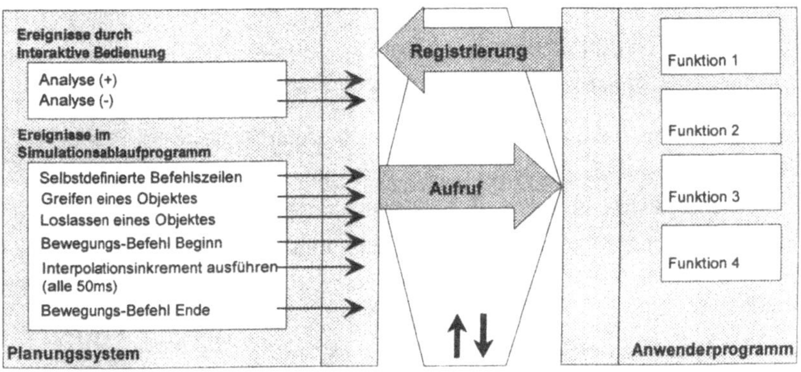

Bild 6-10: Registrierung von Funktionen auf Basis des Bewegungsablaufprogramms

knüpft. Das Greifen oder das Loslassen eines Objektes im Layout, das heißt jede Änderung der einwirkenden Kräfte, ist ein Ereignis. Im Bewegungsablaufprogramm werden Bewegungen durch eine Befehlszeile aktiviert. Mit der Befehlszeile sind die Zielframes für die Rücktransformationsalgorithmen (s.Kap.5.3), zusätzliche Gelenkwinkelinformationen und Parameter verknüpft. Aus diesen Informationen wird eine Zielkörperhaltung berechnet. Um eine kontinuierliche Bewegung von der aktuellen Körperhaltung zur Zielkörperhaltung zu erhalten, wird eine Interpolation der Körperhaltungen nach einer frei definierbaren (s.Kap.5.5.4) Vorschrift durchgeführt. Die Schrittweite der Interpolation erfolgt gemäß der internen Systemuhr (deren Taktung eingestellt werden kann). Zu Beginn und zum Ende eines Bewegungsbefehls, sowie nach jedem Interpolationsschritt der Bewegungsinterpolation innerhalb des Bewegungsbefehls kann eine Funktion registriert werden. Da nach jedem Interpolationstakt ein Graphikaufbau erfolgt, ist gewährleistet, daß genau die am Bildschirm sichtbare Bewegung analysiert wird.

Über die Schnittstelle können neue Ablaufprogrammbefehle bestimmt werden. Die Befehlszeile wird vom Bediener in das Ablaufprogramm eingefügt. Bei Ausführung der entsprechenden Programmzeile wird dem Anwenderprogramm die Zeichenfolge der jeweiligen Zeile übergeben.

6.5 Auswahl geeigneter Verfahren zur Belastungsanalyse

6.5.1 Kriterien zur Auswahl von Verfahren zur Belastungsanalyse

Die Verfahren, die unter Verwendung der entwickelten Schnittstelle an das Planungssystem angebunden werden, sollen verschiedene Kriterien erfüllen (Bild 6-11).

Eignung für den Rechnereinsatz setzt die klare und zahlenmäßige Definition der Eingangsgrößen voraus. Ist dieses Kriterium erfüllt, so können die Daten direkt aus der Simulation abgeleitet werden. Eine qualitative Beschreibung der Eingangsgrößen durch den Planer erfüllt dieses Kriterium nicht und erschwert die Anwendung des Verfahrens in der Praxis, da es Expertenwissen des Anwenders voraussetzt. Ohne Bedeutung ist hingegen die Art und Weise der Definition der Eingangsgrößen. So kann beispielsweise eine gegebene Körperhaltung von der Beschreibung durch eine Gelenkwinkelkombination (s.Kap.6.4.3) in die je nach Verfahren unterschiedlichen

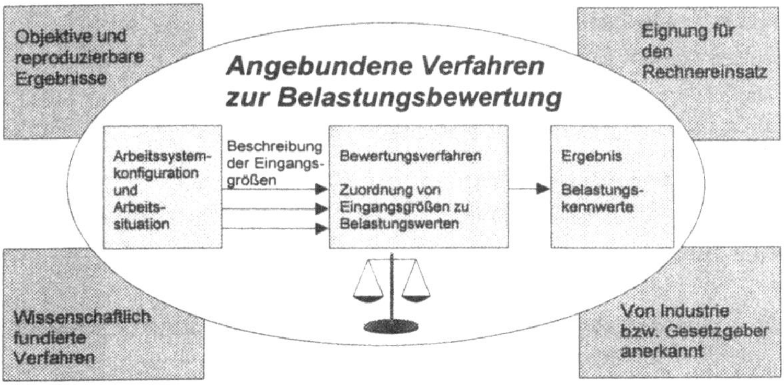

Bild 6-11: Kriterien für die Auswahl der anzubindenden Verfahren

Beschreibungsarten (*Rohmert & Mainzer 1986*) umgerechnet werden. Eine rein qualitative Bewertung von Klassen erschwert die Auswertung und erfordert spezielle Verfahren (z.B. Fuzzy Logic, Expertensystem) zur rechnergestützten Implementierung *(Chen et al. 1994)*.

Eng mit der quantitativen Definition der Eingangsgrößen verbunden ist das Kriterium der **Objektivität und Reproduzierbarkeit**, das erfüllt ist, wenn das Verfahren eindeutig einer gegebenen Arbeitssituation immer dasselbe Bewertungsergebnis zuordnet. Dieses Kriterium ist eine wesentliche Voraussetzung für eine Optimierung des Systementwurfs, bei der eine Änderung des Entwurfs solange durchgeführt wird, bis eine Zielgröße erfüllt ist.

Da wegen der Komplexität des Menschen die meisten Verfahren in vereinfachten Laborversuchen entwickelt wurden (*Buckle et al. 1992*), sind im Sinne der Übertragbarkeit der Ergebnisse auf die Realität die Randbedingungen zu beachten, unter denen die Ergebnisse gültig sind. Das Verfahren soll möglichst viele Einflußgrößen berücksichtigen und über einen großen Bereich der Eingangsgrößen hinweg gültig sein. Die **wissenschaftliche Fundiertheit** der Verfahren ist keineswegs eine Selbstverständlichkeit. Bei einigen Verfahren sind die Randbedingungen der Datenermittlung und das Personenkollektiv, für welches die Daten ermittelt wurden, nicht dokumentiert. Fraglich ist somit, unter welchen Bedingungen die Verfahren gültig sind. Für den Planer ist es hilfreich, wenn das Verfahren eine Aussage darüber erlaubt, für welche Individuen das Ergebnis der Bewertung gültig ist, bzw. welche Individuen von der Benutzung ausgeschlossen werden. Diese Aussage ist in der Regel komplizierter als bei anthropometrischer Gestaltung, bei der diese Aussage in einfach meßbaren Größen wie Körpermaßen festzulegen ist.

Eine Voraussetzung für die Akzeptanz des Planungssystems ist die **Anerkennung der** verwendeten **Verfahren** durch offizielle Stellen bzw. Erfahrungen mit den Verfahren in Industrieunternehmen.

6.5.2 Gliederung existierender Verfahren zur Belastungsermittlung

Im folgenden sollen existierende Verfahren zur Belastungsermittlung ausführlicher auf ihre Eignung zur Anbindung an das Planungssystem hin untersucht werden. Die in der Vergangenheit entwickelten Verfahren lassen sich entsprechend ihrer Entstehungsgeschichte nach den meßbaren Einflußgrößen der Belastung des Menschen logisch aufgliedern, wie in Kap.2.3.2.4 dargestellt wurde.

6.5.3 Analyse und Bewertung der Arbeitskörperhaltung

Die Körperhaltungen, die zur Ausführung der Arbeitsaufgabe bei gegebener Arbeitsplatzgestaltung eingenommen werden (s.Kap.5.2), können mit verschiedenen Verfahren analysiert und bewertet werden. Zur Bewertung muß zunächst eine objektive, dreidimensionale Beschreibung der Körperhaltungen erfolgen. Dazu sind verschiedene Verfahren bekannt (*Colombini et al. 1985*), die auf einer numerischen Definition von Gelenkwinkeln (*Priel 1974*), Gelenkpunktspositionen bzw. Körperteilpositionen (*Corlett et al. 1979*) oder auf einer Klassifizierung der Körperhaltung (*Karhu et al. 1977*) beruhen. Jede dieser Methoden beschreibt die Körperhaltung nur näherungsweise, weshalb die verschiedenen Beschreibungen untereinander nicht austauschbar sind (*Haslegrave 1994*). Die Beschreibung von Körperhaltungen kann nach *Genaidy et al. (1994)* weiter aufgeteilt werden in Makrohaltungsanalysen für den Gesamtkörper, Mikrohaltungsanalysen für eine detailliertere Beschreibung der Teilkörperhaltungen und Arbeitsaktivitätshaltungsanalysen, die zusätzlich Einflüße der Arbeitsaufgabe berücksichtigen.

Nach der Beschreibung der Körperhaltungen kann die Bewertung der Belastung erfolgen. Aufgrund der Veränderung physiologischer Meßgrößen (z.B. Pulsfrequenz) bewertet *Sämann (1970)* 14 Grundtypen von Gesamtkörperhaltungen und legt eine Rangfolge der Belastungsstufen (1-14) fest. Die Zuordnung erfolgt rein qualitativ jeweils über eine grobe Skizze und eine Prinzipbeschreibung (z.B. "normal stehen", "gebeugt stehen"). Die maximale Haltezeit verwenden *Corlett & Manenica (1980)* als Kriterium der Belastung und beschreiben 16 verschiedene Körperhaltungen über grobe Skizzen.

Das *OVACO Working Posture Analysing System* (OWAS) wurde seit dem Jahr 1974 in der finnischen Industrie in Zusammenarbeit mit Gewerkschaften und Staat entwickelt *(Härkönen 1978)* und war das erste realisierte System zur Makrohaltungsanalyse (*Genaidy et al. 1994*). Das Verfahren beschreibt Körperhaltungen, die durch eine Multimomentaufnahme ermittelt wurden, systematisch durch einen vier- bzw. fünfstelligen Zahlenkode *(Karhu et al. 1977, Stoffert 1985, Heinsalmi 1986)*. Von den 1260 (4x3x7x3x5) theoretisch unterscheidbaren Körperhaltungen (Bild 6-12) wurden die 120 wichtigsten von Medizinern, Arbeitswissenschaftlern und Werkern ausgewählt und mit ihren möglichen gesundheitlichen Folgen beschrieben (*OWAS 1981*). In einem ersten Schritt wird jedem Zahlenkode eine sogenannte Maßnahmenklasse (1, 2, 3 oder 4) zugewiesen, die einer bestimmten Belastung des Menschen entspricht. In einem zweiten Schritt wird eine statistische Auswertung der Teilkörperhaltungen über die Zeit durchgeführt. Jedem Zeitanteil wird wiederum eine Maßnahmenklasse zugeordnet. So wird beispielsweise eine in 33% der Schichtzeit um einen Winkel von mehr als 45° zur Seite verdrehte Kopfhaltung mit einer Maßnahmenklasse 2 ("Maßnahmen in naher Zukunft") bewertet (Bild 6-12).

Das OWAS-Verfahren wurde europaweit erfolgreich in der Praxis angewendet. Veröffentlichte Anwendungsbeispiele sind beispielsweise das Beladen von Flugzeugen (*Rohmert et al. 1988, Landau et al. 1995*), Tätigkeiten in Autowerkstätten (*Kant et al. 1990*), in der Fertigung (*Mattila et al. 1992, Vilkki et al. 1993*), in der Schwerindustrie (*Karhu et al. 1981*), in der Bauindustrie (*Burdorf et al. 1991, Kivi & Mattila 1991, Mattila et al. 1993*), sowie im Bereich der medizinischen Versorgung (*Engels et al. 1994, Doormaal et al. 1995*) und des Einzelhandels (*Carrasco et al. 1995*).

Zu der von *Schaub (1993)* vorgeschlagenen Verfeinerung der Körperhaltungsbeschreibung des OWAS-Verfahrens (KhS) fehlt eine entsprechende Verfeinerung der Bewertungsklassen. Die ARBAN-Methode (*Holzmann 1982, Wangenheim et al.*

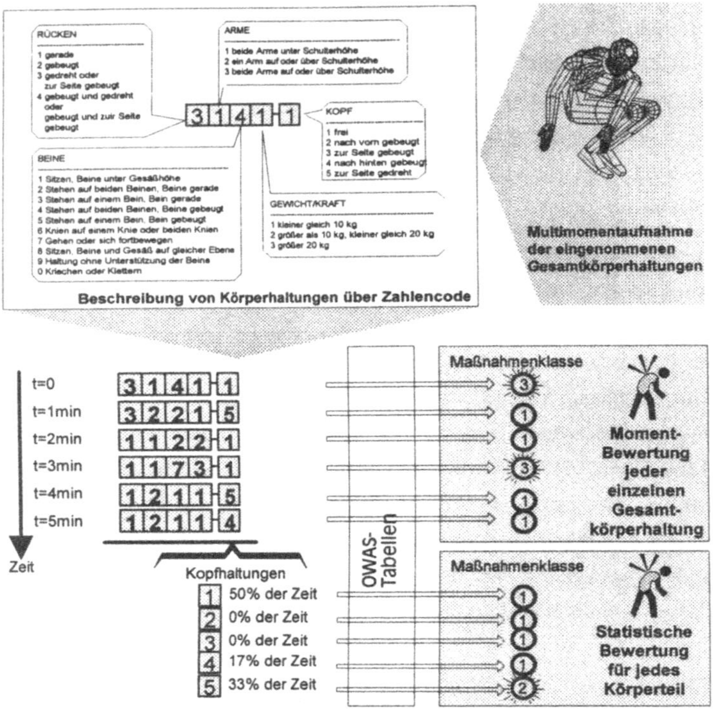

Bild 6-12: Das OWAS-Verfahren zur Bewertung von Arbeitskörperhaltungen

1986) ist von der Methode her dem OWAS-Verfahren ähnlich, berücksichtigt zusätzlich noch den Belastungsfaktor mechanische Schwingungen. Eine etwas weniger detaillierte Beschreibung der Körperhaltung wird von dem von *Chen et al. (1989)* beschriebenen PWSA-Verfahren verwendet, dafür werden zusätzlich zu Vibrationen noch thermische Einflüße berücksichtigt. Eine weitere Methode ist das Work-Rest Verfahren zur Bewertung von statischen Körperhaltungen, das auf Versuchen mit Wechsel zwischen statischem Halten und Erholungsphasen basiert. Zu einer gegebenen Körperhaltung wird von im Versuch ermittelten Haltedauern (in Abhängigkeit von verschiedenen Einflußfaktoren) auf einen Diskomfort geschlossen (*Dul et al. 1994*).

Ein neues Verfahren, welches Vorhersagen über das Komfortempfinden, die Bequemlichkeit sowie die Ermüdung in einer bestimmten Körperhaltung erlaubt, wurde von *Krist (1994)* beschrieben. Die bisherigen Daten für dieses Komfortmodell sind in Versuchsreihen in einem Automobilfahrsimulator gewonnen worden.

6.5.4 Biomechanische Berechnungsmodelle

Weitere Verfahren zur Bewertung von Körperhaltungen beruhen auf biomechanischen Betrachtungen. Durch einfache statische oder dynamische Gleichgewichtsbetrachtungen der angreifenden Kräfte wird bei einer gegebenen geometrischen Konfiguration im Raum aufgrund der anthropometrischen Daten auf die inneren Kräfte und Momente geschlossen, die durch Gelenke und Wirbelsäule aufgenommen werden müssen. Als eines der limitierenden Körpersysteme wird hierbei aufgrund der hohen Erkrankungshäufigkeit die Belastbarkeit der Bandscheiben im Übergang Lenden- Kreuzwirbel angenommen (*Kiparski 1989*). Es existieren verschiedene zwei- und dreidimensionale, formelmäßige oder rechnergestützte Berechnungsmodelle für statisches und dynamisches Heben in der Symmetrieebene und statisches, nichtsymmetrisches Heben (*Jäger & Luttmann 1992*). Die berechneten Kräfte und Momente auf die Bandscheiben *(McGill et al. 1996)* können beispielsweise mit Druckfestigkeitswerten (*Jäger & Luttmann 1991*) verglichen werden. Versuche zur Verifizierung der Modelle am lebenden Menschen sind jedoch nur unter klinischen Bedingungen, nicht in einer realistischen Arbeitsumgebung möglich (*Jäger & Luttmann 1992*) und die Vorhersagequalität der Modelle sowie die Übertragbarkeit der Ergebnisse auf die Praxis ist umstritten *(Mital et al. 1993, Leamon 1994)*.

6.5.5 Berechnungsverfahren für dynamische und statische Muskelarbeit

Für den Planer sind die vom Menschen nach außen übertragbaren Aktionskräfte von Interesse. Es wird unterschieden zwischen statischer (isometrischer) Aktionskraft (auch Stellungskraft), die auf einen unbewegten Kraftangriffspunkt wirkt, und dynamischer Aktionskraft, die auf bewegte Gegenstände wirkt (*Luzcak 1993*). Die maximal aufzubringenden isometrischen Aktionskräfte können verhältnismäßig leicht gemessen werden, daher existieren einige Datensammlungen (*Rohmert & Hettinger 1963, Schmidtke 1993, DIN 33411*), teilweise mit Angaben von Verteilungen in der Bevölkerung (*HdE 1989, Rühmann & Schmidtke 1992*). Diese Daten beschreiben die Ausführbarkeitsgrenze für eine einmalige, kurzfristige Kraftaufbringung und sind daher meist nicht direkt als Grenzwerte für die Arbeitsplatzgestaltung verwendbar.

Durch das bei *Burandt 1978* und *Schultetus 1980* beschriebene Berechnungsverfahren werden zulässige statische und dynamische Kräfte des Hand-Armsystems aus im Versuch für eine gegebene Kraftrichtung und Handposition ermittelten isometrischen Maximalkräften bestimmt. Die Umrechnung auf die in einer konkreten Arbeitssituation gültigen Grenzwerte für statische und dynamische Kraftaufbringungsfälle wird mit Hilfe von Faktoren vorgenommen, die aus personen- sowie tätigkeitsbezogenen Daten berechnet werden. Trotz verschiedener Mängel ist dieses Verfahren im Prinzip sehr leistungsfähig *(Rudolph et al. 1994)*, wird in der betrieblichen Praxis eingesetzt und hat sich dort bewährt (*VDI-ADB 1980, Siemens AG 1981, Schultetus 1980*). Dieses Verfahren ist auch in der Diskussion, zu einer nationalen bzw. europäischen Norm erhoben zu werden *(Rudolph et al. 1994)*. Analog können zulässige Grenzwerte für Hand- und Beinkräfte ermittelt werden (*VDI-ADB 1980*).

6.5.6 Verfahren zur Ermittlung des Energieumsatzes

Der Energieumsatz, der sich aus dem Grundumsatz zur Aufrechterhaltung der Lebensfunktionen und dem zusätzlichen Arbeitsenergieumsatz zur Erfüllung der Arbeitsaufgabe zusammensetzt, wird in der Regel mit der Dauerleistungsgrenze (nach *DIN 33403, Teil 3* zwischen 16 und 20 kJ/min bei schwer dynamischer Muskelarbeit) verglichen, die bei einem gesunden Mann mit mittlerer Leistungsfähigkeit zu keiner Überlastung führt. Bei Belastungen oberhalb der Dauerleistungsgrenze ist Ermüdung zu erwarten, daher müssen Erholzeiten eingeplant werden (*HdE 1989*).

Umfangreiche Daten zur Abschätzung des Energieumsatzes in Abhängigkeit verschiedener Einflußgrößen (z.B. Art der Tätigkeit, Körpergewicht, Umgebungsklima) sind in *Spitzer et al. 1982* in Tabellenform abgelegt. Für die Abhängigkeit des Energieumsatzes von mehreren Einflußgrößen bei verschiedenen Tätigkeiten wurden formelmäßige Beschreibungen entwickelt (*Garg 1976, Garg et al. 1978, Kühn 1987*). Die von *Garg (1976)* ermittelten Formeln beschreiben den Energieumsatz zu insgesamt 25 verschiedenen Tätigkeiten (z.B. gebücktes Heben, Tragen mit Gewicht an der Hüfte aufliegend, statisches Halten einer Last). Das Modell basiert auf der Annahme, daß ein realer Arbeitsablauf in mehrere einfache Tätigkeiten aufgeteilt werden kann, für die der jeweilige Energieumsatz bestimmt werden kann.

Die in den Formeln berücksichtigten Parameter sind das Körpergewicht, das Geschlecht, die Körperstellung (stehen oder sitzen), die aufzubringende Kraft, das Gefälle und die Geschwindigkeit beim Gehen sowie die Lage der Aktionspunkte relativ zum Körper. Diese Formeln zur Abschätzung des Energieumsatzes wurden von einem Expertengremium als Grundlage der in Kap.6.5.7 beschriebenen NIOSH-Gleichung ausgewählt (*Waters et al. 1993a*) und werden in der nordamerikanischen Industrie in verschiedenen Firmen bei der Planung von Arbeitssystemen verwendet.

Im Zusammenhang mit schwer dynamischer Muskelarbeit sind für die Praxis auch die Berechnung des Erholzeitbedarfs bei Tätigkeiten, welche die Dauerleistungsgrenze überschreiten, sowie die Gestaltung des Pausenregimes von Bedeutung. Berechnungsformeln für die Ermittlung des Erholungszeitbedarfs geben beispielsweise *Spitzer et al. (1982)* oder *Schmidtke (1993)* an.

6.5.7 Kombinierte Verfahren zur Analyse von Hebe- und Tragevorgängen

Für die Analyse der Lastenhandhabung existieren einfache Grenzwerttabellen (Überblick in *Kiparski 1989, Hettinger 1991a* und *Hettinger 1991b)*, die notwendigerweise auf Vereinfachungen und Annahmen beruhen.

Von *NIOSH (1981)*, einer dem Gesundheitsministerium der USA unterstellten Behörde, wurde ein Verfahren zur Ermittlung von zulässigen Grenzlasten veröffentlicht, das im Jahr 1991 revidiert und durch die Berücksichtigung asymmetrischer Hebevorgänge wesentlich verbessert wurde (*Pizatella et al. 1992, Waters et al. 1993a*). Die wissenschaftlichen Grundlagen (*NIOSH 1991*) und die Anwendung in der Praxis (*Waters et al. 1994*) sind ausführlich dokumentiert. Quervergleiche mit verschiedenen ergonomischen Quellen liegen vor (*Hidalgo et al. 1995*) und zeigen eine ausreichende Übereinstimmung der Ergebnisse. Teil des NIOSH-Verfahrens ist auch eine Mittelungsmethode, mit der die Auswirkung verschieden schwerer Tätigkeiten bewertet werden kann (*Waters et al. 1993b, Waters et al. 1994*). Das NIOSH-Verfahren findet vor allem im englischsprachigen Bereich seine Anwendung (*Mossink 1990, Drury 1991, Buckle et al. 1992*) und ist schon teilweise in die Gesetzgebung (*Buis 1990*) der jeweiligen Staaten aufgenommen worden. Das Verfahren ist auch für den europäischen Markt als Norm im Gespräch (*Rühmann & Schmidtke 1992*).

In der Vorgehensweise dem NIOSH-Verfahren ähnlich ist das Verfahren zum Heben und Tragen von Lasten nach *Burandt (1978)* und *Schultetus (1980)*, das nicht verwechselt werden darf mit der Ermittlung von Maximalkräften des Hand-Arm-Systems derselben Autoren (s.Kap.6.5.5). Das Verfahren wurde durch den REFA-Fachausschuß Chemie modifiziert *(REFA 1987)*. Das Verfahren wird in einigen Betrieben eingesetzt (*Siemens AG 1981*, *Rühmann & Schmidtke 1992*) und mit Erfolg praktiziert (*Hettinger 1991a*). Ein Vergleich der Methoden zeigt, daß die durch das NIOSH-Verfahren ermittelten Grenzlasten niedriger sind als die des Burandt-Schultetus-Verfahrens für das Heben und Tragen (*Martin 1989, Vedder & Laurig 1994*).

6.5.8 Weitere Verfahren zur Belastungsanalyse

Von *Salwiczek (1982)*, *Kühn (1987)* und *Zülch et al. (1995)* wurden Methoden beschrieben, aus Zeitanalysen nach dem MTM-Verfahren Belastungen des Menschen abzuleiten. Zur Abschätzung der Gesamtbelastung sind Verfahren entwickelt worden (Übersicht in *Bullinger 1994*), bei denen versucht wird, alle relevanten Faktoren der Belastung zu erfassen. Das AET-Verfahren (*Rohmert & Schmidtke 1981*) sieht eine systematische Beschreibung des Arbeitsplatzes durch den Planer vor. Das in der Automobilindustie (Firma Renault S.A.) eingesetzte Verfahren "profiles de poste" wurde von *Wagner (1985)* beschrieben. Andere Methoden dienen der Analyse spezieller Tätigkeiten, beispielsweise der Arbeit mit Handwerkzeugen (*Sperling et al. 1993*). Welche Einflußfaktoren zur Entwicklung von CTD (Cumulative Trauma Disorder) beitragen, ist zwar bekannt, objektive Analyseverfahren sind bisher jedoch nicht veröffentlicht *(Kroemer 1993)*.

6.5.9 Auswahl der Verfahren

Durch die auszuwählenden Verfahren sollen eine Vielzahl von Tätigkeiten und physischen Belastungsfaktoren am Arbeitsplatz abgedeckt werden. Die OWAS-Körperhaltungsanalyse (s.Kap.6.5.3) ist ein ausführlich dokumentiertes, objektives Verfahren mit einer eindeutigen Zuordnung von Körperhaltungen zu Belastungsstufen. Da außerdem alle Einflußgrößen aus der Simulation abzuleiten sind, ist es sehr gut für die Rechneranbindung geeignet. Das Verfahren erscheint auch für die Anbindung an das Planungssystem geeignet, weil es europaweit eingesetzt wird. Die Burandt-Schultetus-Maximalkraftanalyse für das Hand-Arm-System (s.Kap.6.5.5) sowie das

Burandt-Schultetus-Verfahren zum Heben und Tragen (s.Kap.6.5.7) werden ausgewählt, da durch deren Faktorensystem viele für die Ermittlung zulässiger Kräfte relevante Einflußgrößen berücksichtigt werden und es in der Praxis schon weit verbreitet ist. Die Energieumsatzformeln nach Garg (s.Kap.6.5.6) werden angebunden, da sie für die direkte Datenübernahme aus dem virtuellen Prototyp besser geeignet sind als Tabellenwerke und zudem im nordamerikanischen Raum schon weiten Einsatz in der Industrie finden. Die NIOSH-Verfahren von 1981 und 1991 (s.Kap.6.5.7) zum Heben und Tragen werden realisiert, da sie sich durch ihre weltweite Verbreitung, die offizielle Herkunft und die gute Dokumentation qualifizieren.

Von allen ausgewählten Verfahren sind somit Anwendungen in der Praxis bekannt, alle Verfahren sind objektiv und reproduzierbar, basieren auf zahlenmäßig beschreibbaren Einflußgrößen und sind somit gut für die Rechneranwendung geeignet.

6.6 Realisierung ausgewählter Verfahren zur Belastungsanalyse

6.6.1 Ermittlung der Eingangsdaten für die Verfahren

Die von den ausgewählten Verfahren benötigten Eingangsdaten werden zu genau festgelegten Zeitpunkten entweder automatisch aus dem virtuellen Prototypen abgeleitet oder interaktiv vom Planer spezifiziert. Vom Anwender sollen möglichst wenig Daten abgefragt werden, um den Aufwand bei der Durchführung der Analysen möglichst klein zu halten. Daten, die von mehreren Verfahren benötigt werden, sollen daher nur einmal eingegeben werden. Die benötigten Eingangsdaten werden systematisch jeweils einem Simulationsereignis (s.Kap.6.4.7) zugeordnet (Bild 6-13). Beim Eintreffen dieses Ereignisses werden die Daten bestimmt.

Alle Eingangsdaten für die OWAS-Analyse beispielsweise sind automatisch aus dem Planungssystem ableitbar, somit ist keinerlei Benutzerinteraktion bei der Bereitstellung der Daten erforderlich. Die Analyseergebnisse können ohne Interaktion des Planers durch eine Färbung des Menschmodells in Warnfarben visualisiert werden. Beim Burandt-Schultetus Verfahren zur Maximalkraft hingegen müssen personenbezogene, nicht ableitbare Daten vom Anwender eingegeben werden. Dies erfolgt einmalig beim Anschalten der Analysen. Die Analyseergebnisse enthalten Informa-

Einflußgrößen: / Ereignis:	Geometrische Größe (Abstände, Handpositio ...)	Objektgewicht	Anzahl Hände	Arbeitszeitdauer	Griffqualität	Spezifische Kontrolle	Geschlecht	Körpergewicht	Körpergröße	Alter	Trainiertheit	Anzahl Werker	Nebenarbeit	Zeitdauer der Aktion	Analyseergebnis
Analyse (+)				BS-HA, BS-L, N81, N91			BS-HA, BS-L, G	G	G	BS-HA, BS-L	BS-HA, BS-L				
Greifvorgang	BS-L, N81, N91, G		BS-L, N81, N91, G		N91							BS-L	BS-L		
Anfang einer Teilbewegung	BS-HA, BS-L, N81, N91, G	BS-HA, BS-L, N81, N91, G	BS-HA, BS-L, N81, N91, G												BS-HA
Interpolationsschritt	O, OS	O, OS												OS	O
Ende einer Teilbewegung	BS-HA	BS-HA	BS-HA												BS-HA
Loslaßvorgang	BS-L, N81, N91, G					N81, N91									
LIFTAnalyse															OS, BS-L, N81, N91
Analyse (-)															

O : OWAS (statisch)
OS : OWAS (statistisch)
BS-HA : Burandt-Schultetus Hand-Arm System
N81 : NIOSH (1981)
N91 : NIOSH (revision 1991)
BS-L : Burandt-Schultetus Lastenhandhabung
G : Garg Energieverbrauchsformel

(schraffiert) : Automatische Ableitung

Bild 6-13: Eingangsdaten für die ausgewählten Verfahren zur Belastungsanalyse

tionen, die als Text dem Anwender präsentiert werden sollen, daher werden nur am Beginn und am Ende jeder Teilbewegung die geometrischen Einflußgrößen abgeleitet und bei einer erkannten Überbelastung die Ergebnisse ausgegeben.

6.6.2 Simulationsgestützte OWAS-Körperhaltungsanalyse

Die in Kap.6.5.3 beschriebenen zwei Schritte einer OWAS-Körperhaltungsanalyse werden in zwei Teilmodulen realisiert (Bild 6-14). Bei der konventionellen Durchführung des OWAS-Verfahrens werden die notwendigen Daten in einer Multimomentaufnahme ermittelt. Der zeitliche Abstand zwischen zwei Aufnahmen beträgt nach *OWAS 1981* gewöhnlich 0,5 Minuten, nach *Kant et al. (1992)* 1,0 Minuten, um es dem Beobachter zu ermöglichen, die Körperhaltung auf seinem Aufnahmebogen zu notieren. Nach *OWAS 1981* gleichen sich die Fehler durch die relativ grobe Taktung bei einer großen Beobachtungszeit (8 Stunden) statistisch aus. Durch die Anbindung an das Simulationssystem kann die Analyse in wesentlich kürzeren Ab-

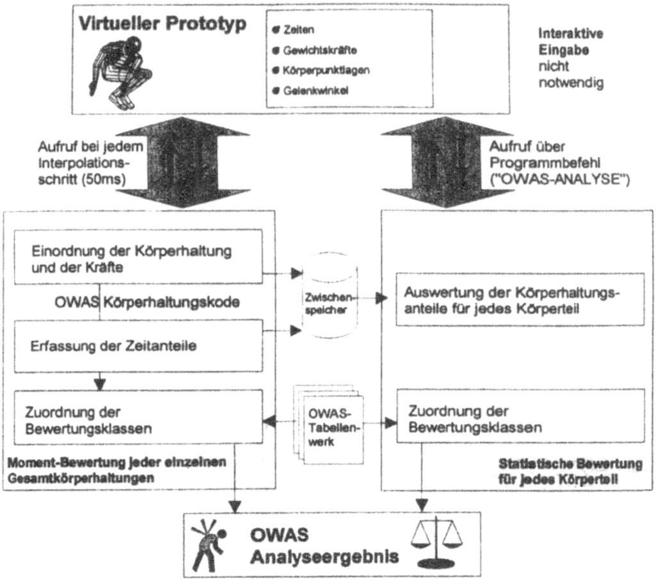

Bild 6-14: Anbindung der OWAS-Körperhaltungsanalyse

ständen getaktet werden, mit dem gravierenden Vorteil, daß mehr gefährdende Körperhaltungen identifiziert werden können. Die Analyse wird im kürzesten in der Schnittstelle verfügbaren Takt, dem Interpolationstakt aufgerufen (s.Kap.6.4.7). Bei dem realisierten Takt von 50ms werden demnach pro Minute 1200 OWAS-Meßwerte aufgenommen.

Für die statistische Bewertung müssen die Zeitanteile der Haltungen untereinander gewichtet werden. Bei der rechnergestützten Implementierung wird innerhalb der Interpolation eine gleichmäßige Taktung erreicht, am Ende jeder Interpolation in der Simulation kann eine Restzeit für den Restweg zur Zielposition bleiben, die entsprechend gewichtet werden muß. Daher wird die jeweilige Körperhaltung jeweils mit der Hälfte der Zeitdauer vom Vorgängerintervall und der Hälfte der Zeitdauer zum Nachfolgeintervall gewichtet. Die Zeitdauer je Haltung ist damit ermittelbar.

Die Definition der OWAS-Körperhaltung ist unabhängig von den Körpermaßen der beschriebenen Person vollständig durch einen Satz von Gelenkwinkeln gegeben. Die Klassifizierung nach OWAS erfolgt zum einen durch Abprüfen der jeweiligen

Achswinkel, durch Bestimmung und Vergleich von Gelenkpunktskoordinaten (Handgelenk, Fußgelenk usw.), zum anderen durch die Prüfung, ob ein bestimmter Körperpunkt innerhalb eines Toleranzzylinders liegt. Jedes der beiden Beine beispielsweise wird analysiert und anschließend wird über eine Entscheidungsmatrix die Gesamthaltung der Beine bestimmt.

6.6.3 Simulationsgestützte Burandt-Schultetus-Maximalkraftanalyse

Zur Durchführung der Analyse muß zunächst die isometrische Maximalkraft für den gegebenen Kraftaufbringungsfall, definiert durch die Lage des Kraftangriffspunktes und durch die Handorientierung relativ zum Körper, aus einer Tabelle bestimmt werden (s.Kap.6.5.5). Der Raum um den Menschen ist in diesem Verfahren in Bereiche aufgeteilt (*Schultetus 1980, Siemens AG 1981*). Die Bereiche sind körpermaßunabhängig durch vier Höhenangaben (Augenhöhe, Schulterhöhe, Taillenhöhe, Beckenhöhe), drei Winkelangaben (vorn, diagonal, seitlich) und drei Abstandsangaben definiert. Die Lage des Kraftangriffspunktes im zu analysierenden Kraftaufbringungsfall muß entsprechen dieser Klassifizierung bestimmt werden. Für jeden Bereich existieren verschiedene Tabellenwerte, abhängig von Handorientierung (Blick auf Handrücken, Daumen oder Handfläche) und Kraftrichtung (Handrücken, Handfläche, Handkante, Daumen, Schub, Zug).

Bei der Umsetzung im Simulationssystem (Bild 6-15) muß die durch mathematische Gelenkwinkel gegebene Körperhaltungsbeschreibung in die dem Verfahren eigene Definition umgerechnet werden. Die Bereichseinteilung in der Simulation erfolgt aufgrund der vom Menschmodell bekannten Lage von Augen, Schultergelenk und Oberschenkelgelenk. Die Orientierung der Hand ist ebenfalls aus der Simulation bekannt. Innerhalb eines Bereichs wird jeweils ein eindeutiger Tabellenwert zugeordnet. An den Übergängen zwischen den Werten ergeben sich damit Unstetigkeiten. Um dem Planer zu ermöglichen, die Ergebnisse in der Tabelle nachzuvollziehen, wird bewußt keine Glättung der Übergänge (z.B. durch Mittelung) vorgenommen. In den Übergangsbereichen werden alle angrenzenden Werte ausgegeben, um dem Planer ein komplettes Bild der Situation zu vermitteln.

Die an einem gegebenen, festen Arbeitsplatz für verschiedene Körpergrößen ermittelten Ergebnisse differieren in der Regel, da für Personen mit verschiedenen Körpermaßen ein raumfester Kraftangriffspunkt zu einer anderen Körperhaltung und

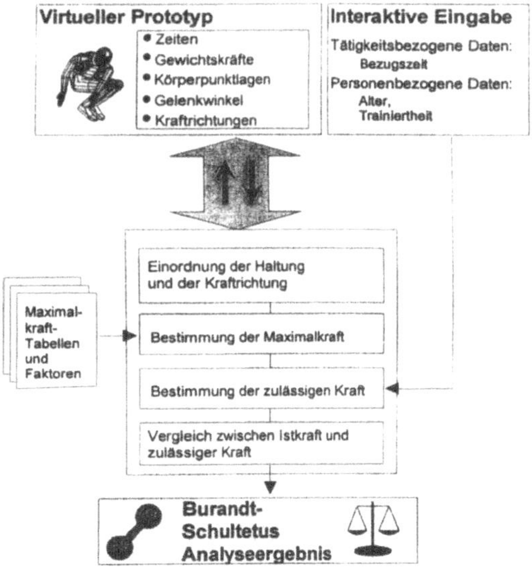

Bild 6-15: Rechnergestützte Hand-Arm Maximalkraftanalyse

damit einer anderen Bereichseinteilung führt. Da das Verfahren die Muskelgruppen des Hand-Armsystems berücksichtigt, die relativ zum Körper wirken, werden alle Positionen in Relation zum Oberkörper berechnet, d.h. in einem Koordinatensystem, das ortsfest auf dem Oberkörperobjekt liegt.

Zur Ermittlung der zulässigen Kraft wird der ermittelte Maximalkraftwert mit verschiedenen personen- und tätigkeitsbezogenen Korrekturfaktoren auf die konkrete Arbeitssituation umgerechnet. In der Simulation muß der Planer interaktiv nicht ableitbare Randbedingungen der Tätigkeit (z.B. Schichtzeit) spezifizieren. Innerhalb des Hand-Arm-Kraftverfahrens werden statische, dynamische und schwer dynamische Kraftaufbringung unterschieden und mit jeweils unterschiedlichen Korrekturfaktoren berücksichtigt. Der statische Kraftaufbringungsfall und die als Eingangsgröße benötigte Haltedauer wird in der Simulation aus der zeitlichen Änderung der Gelenkwinkel des Menschmodells erkannt (s.Kap.6.4.4.4).

6.6.4 Simulationsgestützte Analyse des Heben und Tragens von Lasten

Die rechnergestützte Umsetzung von Verfahren zur Analyse der Lastenhandhabung (s.Kap.6.5.7) ist von der Datenableitung her einfacher als die bisher beschriebenen Verfahren (Bild 6-16). In allen Verfahren werden lediglich die Positionen der Greif- und der Ablegeposition relativ zum Menschen benötigt, in der Simulation werden diese im Weltsystem gegebenen Positionen in ein Koordinatensystem umgerechnet, das in der Symmetrieebene des Menschmodells liegt und dessen Nullpunkt zwischen den Fußgelenken am Boden liegt. In diesem Koordinatensystem erfolgt dann auch die für das NIOSH-Verfahren von 1991 benötigte Berechnung des Asymmetriewinkels *(Waters et al. 1994)*. Eine Umrechnung in eine spezielle verfahrenseigene Beschreibung wie beim OWAS- und Burandt-Schultetus Hand-Arm-Kraftverfahren ist nicht notwendig.

Das NIOSH-Verfahren unterscheidet nicht personenspezifisch verschiedene Größen von Menschen, sondern versucht eine Gestaltung für alle relevanten Personen sicherzustellen. Daher werden vom Verfahren eine Reihe von Anwendungsgrenzen vorgegeben, die letztendlich die Erreichbarkeitsgrenzen der kleinsten Person darstellen. Beispielsweise sind vertikale Aktionspunkte oberhalb von 175cm nach NIOSH als unzulässig zu bewerten, obwohl die größte Person diese Position leicht erreichen könnte. Wird die Simulation mit einer kleinen Person am Rande des Defi-

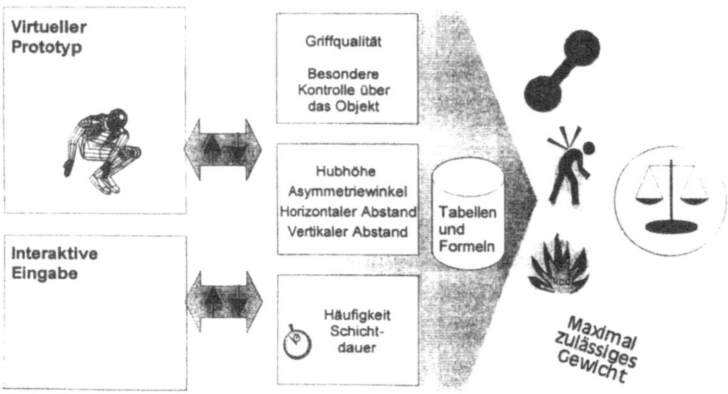

Bild 6-16: Anbindung von Verfahren zum Heben von Lasten (Bsp. NIOSH)

nitionsbereichs, das heißt nahe der Erreichbarkeitsgrenze ausgeführt, so ergibt sich dasselbe Analyseergebnis wie bei einer großen Person, die die Aktion in einer offensichtlich besseren Körperhaltung durchführen kann. Da das Verfahren ohne Veränderung im Rechner abgebildet wurde, wurde auf die korrekte Abprüfung aller Grenzen besonders geachtet. Bei der Umsetzung des Verfahrens sind interaktive Eingaben durch den Anwender notwendig, die so koordiniert werden, daß alle Daten nur einmal eingegeben werden müssen (s.Kap.6.6.1).

6.6.5 Simulationsgestützte Analyse des Energieumsatzes

Das zur Ermittlung des Energieumsatzes ausgewählte Verfahren nach *Garg (1976)*, das die Analyse über formelmäßige Zusammenhänge (nicht über Tabellenwerte) ermöglicht (s.Kap.6.5.6), beschreibt insgesamt 25 Tätigkeiten. Der Gesamtenergieumsatz ergibt sich aus einer Addition von Einzeltätigkeiten: ein dreidimensionaler Hebevorgang etwa setzt sich zusammen aus einer seitlichen und einer frontalen Bringbewegung sowie einer rein senkrechten Hebebewegung. Der Energieumsatz für die senkrechte Hebebewegung wiederum besteht aus der Formel für Heben bis Hüfthöhe und für Heben über Hüfthöhe. Alle Tätigkeit sind durch kontinuierliche Formeln beschrieben, die in der Simulation mit hoher Genauigkeit ausgewertet werden können. Die Unterscheidung der Tätigkeiten kann automatisch erfolgen.

Die gegebenen Formeln für den Energieumsatz beim Gehen enthalten sowohl die Gehgeschwindigkeit als auch das getragene Gewicht als Parameter. Im *ex ante* - Vorgehen ist meist nur das zu handhabende Gewicht bekannt. Die Gehgeschwindigkeit kann nun einerseits eine Variable der Arbeitssystemgestaltung sein, die angepaßt wird, um die Belastung zu senken. In den häufiger auftretenden anderen Anwendungsfällen ist die Gehgeschwindigkeit nicht bekannt, aber es soll dennoch ein Energieumsatz ermittelt werden.

Im folgenden wird daher eine Methode entwickelt, ausgehend von einer Grobschätzung der Gehgeschwindigkeit den Energieumsatz zu prognostizieren. Von *Maynard et al. (1948)* und *MTM e.V. (1990)* wurden in Versuchen Zusammenhänge zwischen Schrittlänge, Gehzeit pro Schritt und dem getragenen Objektgewicht ermittelt. Basierend auf dieser groben Vorgabe in drei Stufen (Bild 6-17 links) wird eine lineare Abhängigkeit der Gehgeschwindigkeit vom getragenen Objektgewicht angenähert, da diese Stufung zu grob ist und zu unplausiblen Ergebnissen der resultierenden

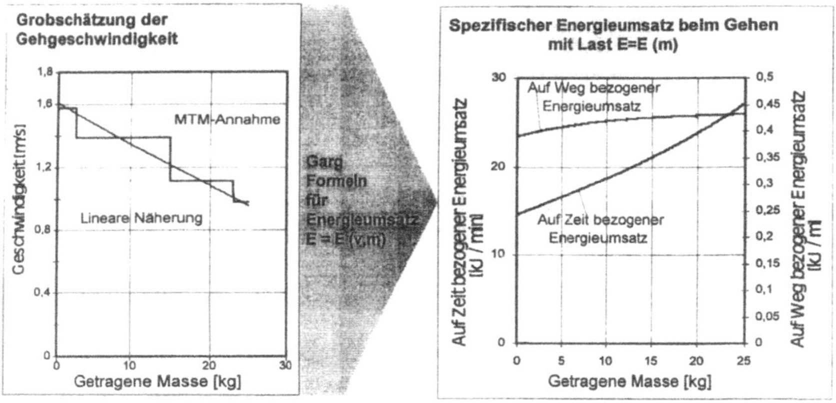

Bild 6-17: Grobschätzung von Gehgeschwindigkeit für die ex ante - Analyse und berechneter Energieumsatz

Energieumsatzformel führen würde. Durch Einsetzen dieser Abhängigkeit in die Energieumsatzformel für das Gehen mit Last wird die Gehgeschwindigkeit aus der Formel eliminiert und man erhält eine direkte Abhängigkeit des Energieumsatzes vom Objektgewicht (Bild 6-17 rechts).

Die Gehgeschwindigkeit bei 20 kg Traglast beispielsweise wird nach diesem Vorgehen mit 3,9 km/h angenommen (Bild 6-17 links). Der Energieumsatz bezogen auf einen Meter Gehweg läßt sich bei dieser Geschwindigkeit zu 0,39 kJ/m berechnen (Bild 6-17 rechts). Dieser Wert kann mit gängigen Tabellenwerken verglichen werden. Im Fall von 20 kg Last wird nach *Spitzer et al. 1982* pauschal eine Geschwindigkeit von 4 km/h sowie ein Energieumsatz von 0,34 kJ/m und ein Zuschlag für die Trageart (Tragen mit seitlich herabhängenden Armen) von 10%, d.h. insgesamt 0,374 kJ/m angegeben. Im Falle einer Last von 0 kg und einer Prognose von 5,8 km/h wird durch das beschriebene Vorgehen ein Energieumsatz von 0,24 kJ/m prognostiziert. Dies stimmt ebenfalls mit dem in *Spitzer et al. 1982* angegebenen Wert von 0,24 kJ/m bei 6 km/h gut überein. Somit kann von einer akzeptablen Annahme für die *ex ante* - Arbeitssystemgestaltung ausgegangen werden.

6.6.6 Darstellung der Analyseergebnisse

6.6.6.1 OWAS-Körperhaltungsanalyse

Die Körperhaltungen werden durch eine Einstufung in fünf Maßnahmenklassen bewertet. Die Klassen 1 bis 4 kennzeichnen Körperhaltungen mit zunehmender Belastung. Jeder Maßnahmenklasse ist auf den Auswertungsbögen des Originalverfahrens eine Farbe zugeordnet *(OWAS 1981)*. Die ursprüngliche Farbzuordnung des Verfahrens (Bild 6-18) stellt allerdings keinen unmittelbaren Zusammenhang zwischen Farbcode und Dringlichkeit (Gesundheitsgefährdung) her. Die Farbcodes wurden daher in Abweichung vom Grundsatz der unveränderten Methodenimplementierung in Anlehnung an *CEN prEN614 (1991)* auf die allgemeinverständlichen Warn- und Signalfarben gelb, orange und rot (*Grandjean 1991*) abgeändert.

Auf erhöhte Belastungen wird der Planer unmittelbar über eine Meldung am Bildschirm hingewiesen. Als Hinweis zur Verbesserung der Körperhaltung werden die Teilkinematiken, bei denen eine Veränderung der Haltung und damit des Körperhaltungscodes eine Verbesserung der Maßnahmenklasse bringen würde, in der Kennfarbe der Maßnahmenklasse eingefärbt (Bild 6-19).

Die Ergebnisse der statistischen Auswertung der Teilkörperhaltungen werden ebenfalls, dann am Bildschirm ausgegeben, wenn eine erhöhte Belastung ermittelt wurde. Um Körperhaltungen, auch Teilkörperhaltungen, die zur erhöhten statistischen Belastung beitragen, in einem Ablauf identifizieren zu können, wurde der OWAS-Suchmodus entwickelt. Zunächst werden vom Anwender in einem Bildschirmfenster die zu suchenden Teilkörperhaltungscodes angewählt (Bild 6-20). Bei einem anschließenden Simulationslauf wird bei jeder Körperhaltung angehalten, die den Kriterien entspricht.

Maßnahmenklasse	Körperhaltung	Maßnahmen	OWAS Original-Farbcode	Gewählter Farbcode
1	normal	keine	blau	weiß
2	belastend	in der nächsten Zeit	grün	gelb
3	deutlich belastend	so schnell wie möglich	violett	orange
4	deutlich schwer belastend	unmittelbar	weiß	rot
5	keine Klassifizierung	Ursachen ermitteln	orange	blau

Bild 6-18: Farbzuordnung der Maßnahmenklassen

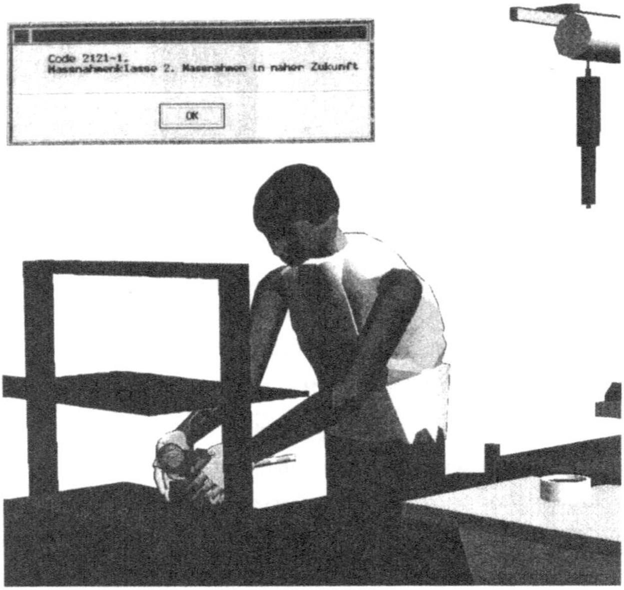

Bild 6-19: Ergebnisdarstellung der OWAS-Analyse

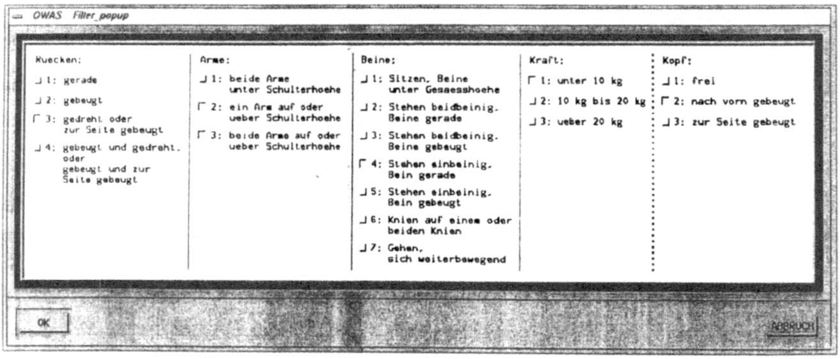

Bild 6-20: Suche nach Arbeitsaufgaben mit bestimmten Haltungstypen

6.6.6.2 Burandt-Schultetus Hand-Arm-Maximalkraft

Zur Visualisierung von möglichen ergonomischen Problemen wird bei Kräften, die Grenzwerte nach dem Burandt-Schultetus-Verfahren überschreiten, der betroffene Arm eingefärbt (Bild 6-21). Der Planer benötigt nun Hinweise zur Optimierung der geometrischen Gestaltung, daher wird die Analyse für die Umgebung des Kraftangriffspunktes automatisch wiederholt. Wird eine Verringerung der Belastung erkannt, so wird dies durch einen Vektor dargestellt. Dieser Vektor zeigt in die Richtung, in die der Kraftangriffspunkt möglichst verschoben werden sollte, um eine Reduzierung der Belastung zu erreichen. Weiter kann der Belastungsverlauf über der Zeit als Kurve aufgetragen werden.

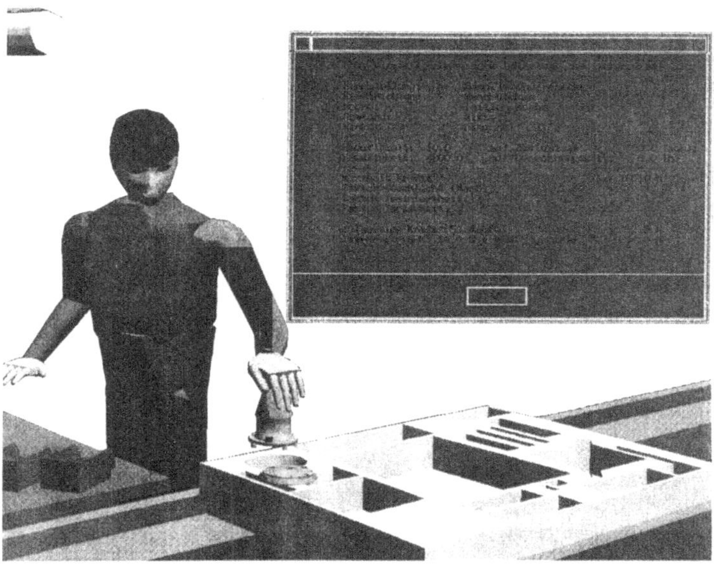

Bild 6-21: Darstellung der Ergebnisse der Schultetus-Analyse

6.7 Vorteile der realisierten simulationsgestützten Belastungsanalyse

Die Analyse des Gestaltungsentwurfs in der 3D-Umgebung und die direkte Ableitung der Daten (s.Kap.6.4) führt zu einer hohen Transparenz und Nachvollziehbarkeit der Analyseergebnisse (Bild 6-22). Diese Ergebnisse können beteiligten Personen (zukünftige Nutzer, Entscheidungsträger) in einer einfach verständlichen Weise präsentiert werden. So können mehr Personen in die Produkt- und Arbeitssystementwicklung integriert werden. Die Sicherheit gegen fehlerhafte Dateneingabe steigt und der bei der konventionellen Anwendung der Verfahren notwendige Schulungsaufwand (*Corlett et al. 1979, Buis 1990, Genaidy et al. 1994*) der Anwender reduziert sich. Die Verfahren sind somit auch von Nichtexperten mit ergonomischem Grundwissen anwendbar. Unter der Voraussetzung, daß der Bewegungsablauf realistisch abgebildet wurde (s.Kap.5), besitzen die Eingangsdaten für die Belastungsanalyse eine hohe Genauigkeit. Durch die automatische, schnelle und fehlersichere Bestimmung und Interpolation der Tabellenwerte und die vom Rechner durchgeführte Berechnung von Formeln ist eine exakte Auswertung gewährleistet.

Durch die gleichzeitige, automatisierte Durchführung mehrerer Analysen für eine Gestaltungsvariante und die Möglichkeit zur einfachen Erstellung von alternativen

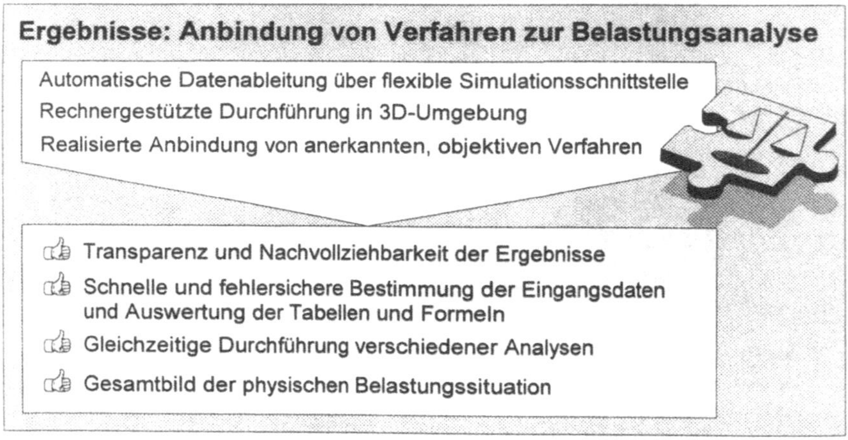

Bild 6-22: Vorteile der rechnergestützten Belastungsanalyse

Varianten (s.Kap.5) kann mit Hilfe der objektiven Ergebnisse der Analysen schnell eine zielgerichtete Optimierung des Systementwurfs erfolgen. Selbst wenn die den Analyseverfahren zugrundeliegenden Vereinfachungen nicht exakt den im konkreten Fall anzutreffenden Bedingungen entsprechen, so kann die qualitative Aussage wertvolle Hinweise beim Vergleich der Alternativen liefern. Soweit quantitative Aussagen möglich sind, helfen sie bei der Bestimmung einer Größenordnung. Die Anbindung mehrerer verschiedener Verfahren, die unterschiedliche Teilaspekte der ergonomischen Belastungssituation bewerten, ermöglicht eine gute Abschätzung der Schwächen des Systementwurfs zu einem frühen Zeitpunkt in der Produkt- und Arbeitssystemplanung.

Auch komplexere Verfahren, die mit konventionellen Mitteln nur mit hohem Aufwand praktiziert werden können, werden durch die Anbindung an das Planungssystem anwendbar. In Zukunft können neue, verbesserte Verfahren mit mehr Eingangsgrößen durch Ergonomen entwickelt, durch die flexible Auslegung des Planungssystems einfach integriert und so praktikabel eingesetzt werden.

7 Anwendungsbeispiele

7.1 Bedienpult einer international eingesetzten Maschine

Für eine halbautomatische Maschine, an der von einer Bedienperson sowohl die Bestückung und das Entladen als auch Prüf- und Bedientätigkeiten zu erledigen sind, sollte ein Nachfolgemodell entwickelt werden. Es wurde zunächst eine Istanalyse der Mensch - Maschine - Schnittstelle der bestehenden Maschine durchgeführt und anschließend das Konzept für die Gestaltung des neuen Modells überprüft und optimiert. Da die Maschine in mehr als 60 Länder der Erde exportiert wird, wurden mehrere repräsentative Arbeitsabläufe mit verschiedenen Menschmodellgrößen simuliert (Bild 7-1). Aufgrund der Ergebnisse der angebundenen Verfahren zur Belastungsanalyse konnten Schwachstellen für kleine Bedienpersonen identifiziert und interaktiv Gestaltungsalternativen vorgeschlagen werden. Neben der Verbesserung der ergonomischen Qualität konnte durch die günstigere Arbeitsplatzgestaltung auch ein höherer Durchsatz erreicht werden. Der Geschäftsleitung konnte der Planungsstand und das neue Konzept mit Hilfe der Simulationssequenz präsentiert werden.

Bild 7-1: Simulation der Bedienoperationen an einem Maschinenbedienpult

7.2 Arbeitsplatzgestaltung in der spanenden Fertigung

Für die Produktion eines Automobilzulieferunternehmens sollten drei neue Fertigungslinien geplant werden. Die Handhabung und der Transport der Werkstücke (Gewicht ca. 1 kg) zwischen den Bearbeitungsstationen wird von sechs Werkern durchgeführt. Neben der Optimierung der Arbeitsabläufe im Hinblick auf die manuellen Ausführzeiten durch verbesserte Anordnung der Maschinen und Arbeitsplatzelemente konnten durch die frühzeitige Simulation mit verschiedenen Werkergrößen (Bild 7-2) auch ergonomische Kriterien berücksichtigt werden (*Helml & Jonas 1996*). Durch die *ex ante* - Durchführung von Belastungsanalysen auf Basis der ermittelten Zeiten konnten ergonomische Schwachstellen erkannt werden und in diesem Planungsstadium durch eine Änderung der Liniengestaltung beseitigt werden. Durch die frühzeitige Änderung in der Planungsphase ist ein nur unwesentlich höherer Kostenaufwand einstanden. Das Einlegen der Werkstücke in eine der ursprünglich vorgesehenen Werkzeugmaschinenausführungen beispielsweise wäre von Werkern von kleiner oder mittlerer Körpergröße wegen der geometrischen Randbedingungen der Maschine nur in stark belastender Körperhaltung möglich gewesen. Da die Lieferung der Maschine noch nicht erfolgt war, konnte durch die

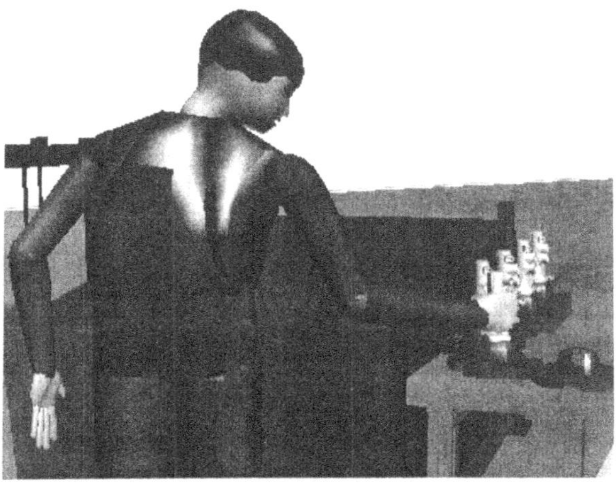

Bild 7-2: Simulation der Bestückung eines Fertigungszentrums mit Werkstücken

interaktive Ermittlung der erforderlichen Dimensionierung im Planungssystem dem Lieferanten der Maschine die erforderliche maßliche Gestaltung im Bereich der Werkstückspannung vorgegeben werden. Die Inbetriebnahme der Anlage konnte ohne Nachbesserungen und Zeitverzug erfolgen (Bild 7-3).

Bild 7-3: *Werker am realisierten Fertigungszentrum (Aus: Helml & Jonas 1996, S.9)*

7.3 Montage- und Wartungstätigkeiten an einer Gasheizung

In einer Gasetagenheizung müssen, um geringe Abmessungen des Gesamtgeräts zu erreichen, auf engem Bauraum Rohrleitungen und andere Bauteile untergebracht werden. Zur Beantwortung, ob das Produkt montage- und wartungsgerecht gestaltet ist, überprüft der Planer in der Simulation, ob die Bauteile in einer festzulegenden Montagereihenfolge auf einem kollisionsfreien Pfad in die Einbaulage gelangen können. Anschließend wird überprüft, ob die Hand, die das Bauteil (und ein Greifwerkzeug) in einer geeigneten Weise gegriffen hat, kollisionsfrei an die Fügestelle gebracht werden kann. Das vom Menschmodell abgelöste Handmodell wird dazu so vorgeformt, daß eine geeignete Handstellung erreicht wird und an das Bauteil gehängt. Anschließend wird überprüft, ob im Rahmen der Beweglichkeit des gesamten Menschen die geplante Einfüge- und Montagebewegung möglich ist (Bild 7-4). Die Einsehbarkeit der Fügestelle wird parallel mit Hilfe des Blicks aus den Augen des Menschmodells überprüft. Die in jeder Montagephase auftretenden Belastungen werden für verschiedene Werkergrößen analysiert und bewertet. Für die Montierbarkeit der Bauteile muß zusätzlich beurteilt werden, ob die benötigten Montagewerkzeuge (Schrauber, Schraubenschlüssel) an der Montagestelle bedient werden können. Als Verbesserung kann – neben konstruktiven Änderungen am Erzeugnis – die Aufstellposition des Gehäuses während der Montage variiert werden und es können andere, geeignetere Werkzeuge aus den Beständen der Firma verwendet werden.

Das Gerät soll möglichst im eingebauten Zustand (meist Wandmontage) geprüft, gewartet und repariert werden können. Ziel bei der wartungsgerechten Gestaltung

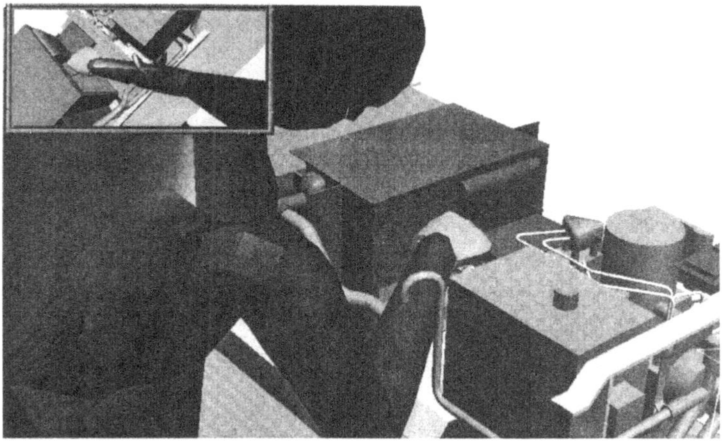

Bild 7-4: Simulation der Wartungstätigkeiten an einer Gasheizung

ist es, möglichst wenig Bauteile entfernen zu müssen. Die Wartungsunterlagen können aus dem Simulationsmodell schon im Planungsstadium erstellt werden.

7.4 Endmontageband in der Automobilindustrie

Für die Planung der Endmontage eines Automobils sind die Planungszeiträume bei hohem Investitionsvolumen sehr kurz bemessen. Die frühzeitige Berücksichtigung der Ergonomie ist besonders wichtig, da Änderungen am Montageband nur mit großem Aufwand durchgeführt werden können. In vorliegendem Beispiel ist zu sehen, wie Montagetätigkeiten im Inneren der Karosserie simuliert werden. Bei Produktionsstätten im Ausland können auch die im jeweiligen Land relevanten Werkergrößen berücksichtigt werden (Bild 7-5).

Bild 7-5: Simulation der Montage im Karosserieinneren an einem Endmontageband

7.5 Kommissionierarbeitsplatz in der Logistik

In einem Beispiel aus der Lebensmitteldistribution müssen die vom Hersteller auf Paletten angelieferten Lebensmittel von Werkern an mehreren Arbeitsplätzen auf Standard-Tableaus geladen werden, die automatisch in ein Hochregallager gebracht werden. Die von den Filialen angeforderten Waren werden entsprechend der Bestellmengen automatisch zu Kommissionierplätzen befördert, an denen von weiteren Werkern die Auslieferkisten befüllt werden. Der Hersteller der Kommissionieranlage muß dem Kunden je einen Prototyp des Arbeitsplatzes vorführen und die Machbarkeit der Arbeitsaufgabe nachweisen, bevor die Bestellung der Gesamtanlage durch das Handelsunternehmen erfolgt. Durch den Einsatz der Simulation kann die

Präsentation mit den entsprechenden objektiven Analysen zur ergonomischen Belastung und manuellen Ausführzeit kostengünstiger und zu einem wesentlich früheren Zeitpunkt erfolgen. Die speziell für diesen Anwendungsfall geplanten Arbeitssysteme werden für verschiedene repräsentative Warenspektren überprüft und in Zusammenarbeit mit Beteiligten verschiedener Abteilungen der Firmen optimiert. Eine für das Unternehmen wichtige Aussage ist, welche der Gebinde (Gewicht zwischen 0,2 und 20 kg) bei Werkern zu erhöhten bzw. unzulässigen Belastungen nach den verwendeten Verfahren führen.

8 Zusammenfassung und Ausblick

Die Berücksichtigung von Ergonomie wird durch die Globalisierung der Märkte, wegen der sich wandelnden gesetzlichen Rahmenbedingungen und aufgrund von demographischen Entwicklungen immer wichtiger. Im Rahmen dieser Arbeit wurde ein Ansatz zur Erhöhung der ergonomischen Qualität von Produkten und Arbeitssystemen erstellt. Zur Umsetzung wurde ein flexibel anpaßbares, rechnergestütztes Planungssystem zur allgemeinen ergonomischen Gestaltung, Analyse und Bewertung entwickelt.

In einer Analyse des konventionellen Vorgehens wurden zunächst Schwachstellen der Berücksichtigung ergonomischer Aspekte in der Produkt- und Arbeitssystemplanung hergeleitet. Darauf aufbauend wurde als Hauptansatzpunkt für die Steigerung der ergonomischen Qualität die frühzeitige Berücksichtigung ergonomischer Aspekte im Produkt- und Arbeitssystemgestaltungsprozeß herausgearbeitet. In der Konzept- und Entwurfsphase liegt der jeweilige Planungsstand lediglich als rechnerinterne Information vor. Daher wurde der Ansatz verfolgt, basierend auf diesen rechnerinternen Daten mit Hilfe des entwickelten geometrisch orientierten Planungssystems schon früh eine ergonomische *ex ante* - Analyse und Bewertung sowie interaktive Optimierung des Produkt- bzw. Arbeitssystementwurfs durchzuführen. Abhängig von der Benutzergruppe, für die ein Produkt oder Arbeitssystem gestaltet wird, gelten unterschiedliche Körpermaßdaten. Je nach Land, Firma, Einsatzbereich und Problemstellung sind unterschiedliche Verfahren zur ergonomischen Bewertung geeignet. Daher wurde das Planungssystem konsequent flexibel ausgelegt, so daß es im Hinblick auf die Lösung der Planungsaufgabe an die jeweils gültigen Daten angepaßt und um die geeigneten Methoden erweitert werden kann.

Als Grundlage der ergonomischen Gestaltung und Analyse soll der Planer die menschliche Gestalt der zukünftigen Benutzer in den Produkt- bzw. Arbeitssystementwurf integrieren können. Dazu wurde ein parametrisches kinematisches Menschmodell realisiert, das in beliebiger Größe erzeugt werden kann. Durch seine flexible Konzeption kann das Menschmodell über eine Simulationsschnittstelle beliebig in seinen Körpermaßen und seiner Beweglichkeit angepaßt werden. Auf diese Weise kann die Gestaltung und Analyse für beliebige Benutzergruppen durchgeführt werden. Eine geeignete internationale Datenbasis mit Körpermaßen von Volksgruppen der Welt wurde an das Planungssystem angebunden. Damit wird es möglich, auch international eingesetzte Produkte und Arbeitssysteme in bezug auf ihr zukünftiges Benutzerspektrum auf einfache Weise zu gestalten und zu überprüfen.

Der Planer soll durch interaktives Bewegen des generierten Menschmodells in kurzer Zeit den zur Erfüllung der Arbeitsaufgabe notwendige Bewegungsablauf simulieren können. Daher wurden zur effizienten Nachbildung komplexer Bewegungen des Menschen die in der Entwicklungsumgebung verfügbaren Rücktransformationsalgorithmen auf den gesamten Körper erweitert. Zur realistischen Abbildung der Körperhaltungen müssen alle Einflußgrößen berücksichtigt werden, die sich aus den Randbedingungen des Produkt- oder Arbeitssystementwurfs ergeben. Die besondere Bedeutung des Einflußfaktors Greifart für die eingenommene Körperhaltung wurde in einer ausführlichen Analyse herausgearbeitet. Daher wurde eine simulationsgerechte Systematik von Greifarten aufgebaut und eine automatisierte Modellierung von Greifvorgängen entwickelt. Funktionen zur Berücksichtigung weiterer wichtiger Einflußgrößen der Körperhaltung, wie geometrische Durchdringungen oder Sichtbarkeit und Verdeckung von Objekten, wurden ebenfalls eingebunden. Im Ergebnis wird eine für viele ergonomische Untersuchungen ausreichende Genauigkeit erzielt.

Als Grundlage für die Quantifizierung der ergonomischen Qualität und zur zielgerichteten Optimierung muß eine objektive Bewertung des Planungsstandes erfolgen. Um die flexible Anbindung verschiedenster Verfahren zur Belastungsanalyse zu ermöglichen, wurde zunächst eine Bibliothek von Schnittstellenfunktionen zur Bewegungssimulation geschaffen. Diese Funktionen sind die Basis für die allgemeine Ableitung von Daten aus dem geometrisch orientierten Prototyp. Beispielhaft wurden mehrere objektive, anerkannte Verfahren zur ergonomischen Belastungsanalyse ausgewählt, rechnertechnisch umgesetzt und an das System angebunden. Die implementierten Verfahren decken verschiedene Aspekte der Gesamtbelastungssituation ab. Entscheidende Vorteile der automatischen Datenableitung aus dem Simulationsmodell sind, daß die wiederholte Generierung von Grunddaten vermieden, die Durchführung der Analysen beschleunigt und die Fehlerwahrscheinlichkeit verringert wird.

Zusätzlich ergibt sich eine hohe Transparenz und Nachvollziehbarkeit der Ergebnisse, da die visualisierten Bewegungen des Menschmodells direkt als Eingangsgröße für die Belastungsanalysen verwendet werden. Das Planungssystem ist damit auch als innerbetriebliche Kommunikationsgrundlage während des Planungsprozesses geeignet. Auch die Kunden und zukünftigen Nutzer können so in die Planung einbezogen werden.

Ergonomisches Wissen wird durch die einfache Anwendbarkeit auch in technischen Fachabteilungen für Planer mit ergonomischem Grundwissen verfügbar. Somit kann das Bewußtsein für ergonomische Aspekte schrittweise in den Produkt- und Arbeitssystemgestaltungsprozeß integriert werden. Der Planer kann durch das skizzierte Vorgehen mehr Varianten des Produkt- und Arbeitssystementwurfs in der verfügbaren Zeit überprüfen. So kann eine hohe ergonomische Qualität erreicht werden.

Anhand von Anwendungsbeispielen aus verschiedenen Produktsparten und Einsatzfeldern von Arbeitssystemen konnte abschließend gezeigt werden, daß durch den Einsatz des Planungssystems eine hohe ergonomische Qualität erzielbar ist.

Aufbauend auf der vorliegenden Arbeit kann nun die Einbeziehung weiterer Aspekte ergonomischer Belastung, wie z.B. der Lärmausbreitung, Temperaturverteilung sowie psychischer Belastungen, erfolgen. Über die Schnittstelle können schrittweise weitere Verfahren zur Belastungsanalyse angebunden werden. Ohne daß ein relevanter Mehraufwand bei der Erstellung des virtuellen Prototypen entsteht, können somit mehr Aspekte der Belastungssituation erfaßt werden und Schwachstellen identifiziert und behoben werden.

Durch die Anbindung eines "Virtual Reality" Ein- und Ausgabesystems an das Planungssystem mit Abbildung visueller, akustischer und haptischer Faktoren kann die bessere und intuitivere Einbeziehung des Planers in den Produkt- bzw. Arbeitssystementwurf erfolgen.

Die automatische numerische Layoutoptimierung, die im Falle eines 6-Achsroboters relativ einfach durchzuführen ist *(Woenckhaus 1994)*, ist wegen der Flexibilität des Menschen bei manuellen Arbeitssystemen wesentlich komplizierter und erfordert die Möglichkeit zur automatischen Generierung des Bewegungsablaufs mit voller Berücksichtigung aller Randbedingungen und der automatischen Bewertung der Ergonomie. Aufbauend auf den entwickelten Funktionen des Planungssystems kann diese Aufgabe angegangen werden.

9 Literaturverzeichnis

Abeysekera 1987

Abeysekera, J.D.A.: A comparative study of body size variability between people in industrialized countries and industrially developing countries, its impact on the use of imported goods. In: International Labour Office (Hrsg.): Ergonomics in developing countries: an international symposium. Genf, Schweiz: ILO 1987, S. 65-91 (ILO Occupational Safety and Health Series Nr. 58)

Arbib et al. 1985

Arbib, M.A. et al.: Coordinated control programs for movements of the hand. In: Goodwin, A.W. (Hrsg.); Darian-Smith, I. (Hrsg.): Hand function and the neocortex, Experimental brain research, Suppl. 10, Berlin: Springer 1985, S. 111-129

Automats 1988

Automats: Benutzerhandbuch: Revision 5, 1988

Ayoub 1992

Ayoub, M.M.: Problems and solutions in manual materials handling: the state of the art. In: Ergonomics 35 (1992), Nos.7/8, S. 713-728

Badler 1987

Badler, N.I.: Computer animation techniques. In: 2. Internationaler GI-Kongreß, Wissensbasierte Systeme, München. Berlin: Springer 1987 (Informatik-Fachbericht 155), S. 22-34

Berg et al. 1992

Berg, U. et al.: Manuelle Montagearbeitsplätze rechnergestützt planen. In: Arbeitsvorbereitung 29 (1992), 6, S. 247-250

Bienek & Rückert 1994

Bienek, H.-J.; Rückert, A.: Neue Herausforderungen für die Arbeitswissenschaft - Konsequenzen aus den EG-Richtlinien. In: Zeitschrift für Arbeitswissenschaft 48 (1994) 1, S. 1-4

BKK 1995

Bundesverband der Betriebskrankenkassen (Hrsg.): Krankheitsartenstatistik 1993. Essen: 1995

Bloomer 1992

Bloomer, J.: Power programming with RPC. Sebastopol, CA, USA: OReilly 1992

Boyes 1970

Boyes, J.: Bunnell's Surgery of the Hand. J.B. Lippincott 1970

Bronstein & Semendjajew 1985

Bronstein, N.I.; Semendjajew, K.A.: Taschenbuch der Mathematik. 22. Aufl. Leipzig: Teubner 1985

Bubb 1995

Bubb, H.: Qualitätsmanagement, Ergonomie und Zuverlässigkeit. In: Zeitschrift für Arbeitswissenschaft 49 (1995) 3, S. 157-164

Bubb & Bubb 1996

Bubb, H.; Bubb, P.: Möglichkeiten und Grenzen der Umsetzung ergonomischer Erkenntnisse. In: Psychologische Beiträge 38 (1996) 1/2, S. 140-163

Bubb & Kain 1986

Bubb, H.; Kain, V.: Untersuchung über die realitätsbezogene Handhabung von Zeichenschablonen der menschlichen Gestalt. In: Zeitschrift für Arbeitswissenschaft 40 (1986) 2, S. 97-107

Buchholz 1992

Buchholz, B.: Anthropometric data for describing the kinematics of the human hand. In: Ergonomics 35 (1992) 3, S. 261-273

Buckle et al. 1992

Buckle, P.W. et al.: Limitations in the application of materials handling guidelines. In: Ergonomics 35 (1992) 9, S. 955-964

Buis 1990

Buis, N.: Ergonomics, legislation and productivity in manual materials handling. In: Ergonomics 33 (1990) 3, S. 353-359

Bullinger 1994

Bullinger, H.-J.: Produkt- und Arbeitsplatzgestaltung. Stuttgart: Teubner 1994

Bullinger & Solf 1979

Bullinger, H.-J. und Solf, J.J.: Ergonomische Arbeitsmittelgestaltung I - Systematik. Bremerhaven: Wirtschaftsverlag NW 1979 (Bundesanstalt für Arbeitsschutz und Unfallforschung, Dortmund, Forschungsbericht Nr.196)

Burandt 1978

Burandt, U.: Ergonomie für Design und Entwicklung. Köln: Verlag O.Schmidt 1978

Burdorf et al. 1991

Burdorf, A. et al.: Postural load and back pain of workers in the manufacturing of prefabricated concrete elements. In: Ergonomics 34 (1991) 7, S. 909-918

Carrasco et al. 1995
Carrasco, C. et al.: Packing products for customers. In: Applied Ergonomics 26 (1995) 2, S. 101-108

CEN prEN614 1991
CEN prEN614-1, Anhang A: Sicherheit von Maschinen - Ergonomische Gestaltungsgrundsätze. Brüssel: CEN - Europäisches Komitee für Normung 1991

Chaffin & Anderson 1984
Chaffin, D.B. und Anderson G.B.J.: Occupational biomechanics. New York, USA: Wiley 1984

Chaffin & Baker 1970
Chaffin, D.B. und Baker, W.H.: A biomechanical model for analysis of symmetric sagittal plane lifting. In: AIIE Transactions 2 (1970) 1, S. 16-27

Chaffin & Page 1994
Chaffin, D.B. und Page, G.B.: Postural effects on biomechanical and psychophysical weight-lifting limits. In: Ergonomics 37 (1994) 4, S. 663-676

Chen et al. 1989
Chen, J.-G. et al.: An observational technique for physical work stress analysis. In: International Journal of Industrial Ergonomics 3 (1989), S. 167-176

Chen et al. 1994
Chen, J.-G. et al.: A fuzzy sets modelling approach for ergonomic workload stress analysis. In: International Journal of Industrial Ergonomics 13 (1994), S. 189-216

Colombini et al. 1985
Colombini, D. et al.: Posture analysis. In: Ergonomics 28 (1985) 1, S. 275-284

Corlett & Eklund 1986
Corlett, E.N.; Eklund, J.A.E.: Change of stature as an indicator of loads on the spine. In: Corlett, E.N. (Hrsg.) et al.: The ergonomics of working postures. London: Taylor and Francis 1986, S. 232-242

Corlett & Manenica 1980
Corlett, E.N.; Manenica, I.: The effects and measurement of working postures. In: Applied Ergonomics 11 (1980) 3, S. 7-16

Corlett et al. 1979
Corlett, E.N. et al.: Posture targetting: a technique for recording working postures. In: Ergonomics 22 (1979) 3, S. 357-366

Cutkosky 1985
Cutkosky M.R.: Robotic grasping and fine manipulation. Boston: Kluver 1985

Cutkosky 1989

Cutkosky, M.R.: On grasp choice, grasp models, and the design of hands fo manufacturing tasks. In: IEEE Transactions on Robotics and Automation, 5 (1989) 3, S. 269-279

Cutkosky & Howe 1990

Cutkosky, M.R.; Howe, R.D.: Human grasp choice and robotic grasp analysis In: Venkataraman, S.T. (Hrsg.); Iberall T. (Hrsg.): Dextrous robot hands. New York: Springer 1990, S. 5-31

Das & Sengupta 1995

Das, B.; Sengupta, A.K.: Computer-aided human modelling programs for workstation design. In: Ergonomics 38 (1995) 9, S. 1958-1972

Deitz 1995

Deitz, D.: Human-integrated design. In: Mechanical Engineering 117 (1995) 8, S. 92-96

Denavit & Hartenberg 1955

Denavit, J.; Hartenberg, R.: A kinematic notation for lower-pair mechanisms based on matrices. In: Journal of Applied Mechanics 22 (1955), S. 215-221

DIN 31001

DIN 31001, Teil 1: Sicherheitstechnisches Gestalten technischer Erzeugnisse; Schutzeinrichtungen, Begriffe, Sicherheitsabstände für Erwachsene und Kinder. Berlin: Beuth 1983

DIN 33400

DIN 33400: Gestalten von Arbeitssystemen nach arbeitswissenschaftlichen Erkenntnissen. Berlin: Beuth 1975

DIN 33402 Teil 1

DIN 33402, Teil 1: Körpermaße des Menschen: Begriffe, Meßverfahren. Berlin: Beuth 1978

DIN 33402 Teil 2

DIN 33402, Teil 2: Körpermaße des Menschen: Werte. Berlin: Beuth 1986

DIN 33403 Teil 3

DIN 33403, Teil 3: Klima am Arbeitsplatz und in der Arbeitsumgebung. Berlin: Beuth 1988

DIN 33408 Teil 1

DIN 33408, Teil 1: Körperumrißschablonen für Sitzplätze. Berlin: Beuth 1987

DIN 33411

DIN 33411: Körperkräfte des Menschen. Teil1 (1982), Teil3 und Teil4 (1987) Berlin: Beuth 1982-1987

DOB 1983

DOB-Verband: DOB-Grössentabellen, Repräsentative Reihenmessungen 1981/1982 an 10000 Frauen und Mädchen. Köln: Haus der deutschen Bekleidungsindustrie 1983

Dooley 1982

Dooley, M.: Anthropometric modeling programs - a survey. In: IEEE Computer Graphics and Applications 2 (1982) 9, S. 17-25

Doormaal et al. 1995

Doormaal, M.T.A.J.: Physical workload of ambulance assistants. In: Ergonomics 38 (1995) 2, S. 361-376

Drury 1991

Drury, C.G.: Ergonomics practice in manufacturing. In: Ergonomics 34 (1991) 6, S. 825-839

Dul et al. 1994

Dul, J. et al.: Ergonomic guidelines for the prevention of discomfort of static postures based on endurance data. In: Ergonomics 37 (1994) 5, S. 807-815

Dul et al. 1996

Dul, J. et al.: A review of ISO and CEN standards on ergonomics. In: International Journal of Industrial Ergonomics 17 (1996) S. 291-297

Eastman Kodak 1983

Eastman Kodak Company, Human Factors Section (Hrsg.): Ergonomic Design for people at work, Vol.1. New York, USA: Van Nostrand Reinhold 1983

Eastman Kodak 1986

Eastman Kodak Company, Human Factors Section (Hrsg.): Ergonomic Design for people at work, Vol.2. New York, USA: Van Nostrand Reinhold 1986

Eklund 1993

Eklund, J.A.E.: Hand tools for the 1990s. In: Applied Ergonomics 24 (1993) 3, S. 146-147

Eklund 1995

Eklund, J.A.E.: Relationships between ergonomics and quality in assembly work. In: Applied Ergonomics 26 (1995) 1, S. 15-20

Engels et al. 1994

Engels, J.A. et al.: An OWAS-based analysis of nurses working postures. In: Ergonomics 37 (1994) 5, S. 909-919

Fick 1904

Fick, R.: Handbuch der Anatomie und Mechanik der Gelenke in 3 Bänden. Bd.1: Anatomie der Gelenke. Jena: Gustav Fischer 1904 Bd.2: Allgemeine Gelenk- und Muskelmechanik. Jena: Gustav Fischer 1910 Bd.3: Spezielle Gelenk- und Muskelmechanik. Jena: Gustav Fischer 1910

Flaig & Thrainsson 1995

Flaig, T.; Thrainsson, M. T.: Eile statt Weile, Produktentwicklung mit Virtual Prototyping. In: Industrieanzeiger 18/1995, S. 40-42

Fortin et al. 1990

Fortin, C. et al.: SAFEWORK: A microcomputer aided workstation design and analysis. In: Karwowski, W. (Hrsg.) et al.: Computer aided ergonomics. London: Taylor and Francis 1990, S. 157-180

Fothergill et al. 1992

Fothergill, D.M. et al.: The influence of some handle designs and handle height on the strength of the horizontal pulling action. In: Ergonomics 35 (1992) 2, S. 203-212

Fox 1995

Fox, J.G.: Opportunities for ergonomics in the European Community. In: Ergonomics 38 (1995) 3, S. 570-573

Gambarelli et al. 1977

Gambarelli, Chevrot, Mattei: An anatomic atlas of serial sections of the human body. New York: Springer 1977

Garg 1976

Garg, A.: A metabolic rate prediction model for manual materials handling jobs. Ann Arbor, Michigan, USA: Dissertation, University of Michigan 1976

Garg et al. 1978

Garg, A. et al.: Prediction of metabolic rates for manual materials handling jobs. In: American Industrial Hygiene Ass. Journal 39 (1978) 8, S. 661-674

Garret 1971

Garret, J. W.: The adult human hand: some anthropometric and biomechanical considerations. In: Human Factors 13 (1971) S. 117-131

Genaidy et al. 1989

Genaidy, A.M. et al.: A microcomputer-based ergonomic software for the design and evaluation of frequent manual lifting tasks. In: Comp. Ind. Engineering 16 (1989) 3, S. 455-468

Genaidy et al. 1994

Genaidy, A.M. et al.: Postural stress analysis in industry. In: Applied Ergonomics 25 (1994) 2, S. 77-87

Geuß 1994

Geuß, H.: Entwicklung eines anthropometrischen Meßverfahrens für das CAD-Menschmodell RAMSIS. Dissertation, Fakultät für Maschinenwesen, TU München 1994

Geuß 1995

Geuß, H.: Verfahren zur Generierung neuartiger konstruktionsrelevanter Typologien. In: Zeitschrift für Arbeitswissenschaft 49 (1995) 1, S. 18-24

Geyer 1995

Geyer, M.: Simulationsgestützte Gestaltung manueller Arbeitsplätze. In: Reinhart, G. (Hrsg.); Milberg, J. (Hrsg.): Simulation: Schneller, sicherer und kostengünstiger zum Ziel. München: Utz 1995, S. 67-78

Grandjean 1991

Grandjean, E.: Physiologische Arbeitsgestaltung. 4. Aufl. Landsberg: Ecomed 1991

Grob & Haffner 1982

Grob, R.; Haffner, H.: Planungsleitlinien Arbeitsstrukturierung: Systematik zur Gestaltung von Arbeitssystemen. Berlin: Siemens AG 1982

Grobelny et al. 1992

Grobelny, J. et al.: APOLIN: A 3-dimensional ergonomic design and analysis system. In: Mattila, M. (Hrsg.); Karwowski, W. (Hrsg.) et al.: Computer applications in ergonomics, occupational safety and health. Amsterdam: Elsevier 1992, S. 129-135

Härkönen 1978

Härkönen, R.: An overall approach to work development and a tool for work analysis - The OWAS. In: The Journal of Methods - Time Measurement 6 (1978) 3, S. 7-11

Haslegrave 1994

Haslegrave, C.M.: What do we mean by a working posture. In: Ergonomics 37 (1994) 4, S. 781-799

HdE 1989

Bundesamt für Wehrtechnik und Beschaffung (Hrsg.): Handbuch der Ergonomie. 2. Aufl. München: Hanser 1989

Hechl 1995
Hechl, C.: Personalorientierte Montageplanung für komplexe und variantenreiche Produkte. Berlin: Springer 1995. (iwb, Forschungsberichte Band 92)

Heinsalmi 1986
Heinsalmi, P.: Method to measure working posture loads at working sites (OWAS). In: Corlett, E.N. (Hrsg.) et al.: The ergonomics of working postures. London: Taylor and Francis 1986, S. 101-104

Heiß 1986
Heiß, H.: Grundlagen der Koordinatentransformation bei Industrierobotern. In: Robotersysteme 2 (1986), S. 65-71

Heiß et al. 1991
Heiß, H. et al.: Backwards Solution of an Eight-Degrees-of-Freedom Kinematic Structure. In: IFAC/IFIP/IMACS: Symposium on Robot Control, Part 2, Wien. Oxford: 1991

Helml & Jonas 1996
Helml, J.; Jonas C.: Vom Bildschirm in die reale Fabrik. Lucas setzt Ergebnisse aus Simulationen in die Fertigungspraxis um. In: Produktion Nr.31/32 (1996), S.3

Hettinger 1985a
Hettinger, T.: Statistics on diseases in the Federal Republic of Germany with particular reference to diseases of the skeletal system. In: Ergonomics 28 (1985) 1, S. 17-20

Hettinger 1985b
Hettinger, T.: Occupational hazards associated with deseases of the skeletal system. In: Ergonomics 28 (1985) 1, S. 69-75

Hettinger 1991a
Hettinger, T.: Handhabung von Lasten. München: Hanser 1991

Hettinger 1991b
Hettinger, T.: Schwere Lasten - leicht gehoben. München: Bayerisches Ministerium für Arbeit, Familie und Sozialordnung 1991

Hettinger et al. 1976
Hettinger, T. et al.: Ergonomie am Arbeitsplatz. Daten zur menschengerechten Gestaltung der Arbeit. Ludwigshafen: Kiehl 1976

Hidalgo et al. 1995
Hidalgo J. et al.: A cross-validation of the NIOSH limits for manual lifting. In: Ergonomics 38 (1995) 12, S. 2455-2464

Hoeckstra 1993

Hoeckstra, P.N.: Seeing what you are doing with computer aided anthropometric assessment. In: Marras, W.S.. (Hrsg.) et al.: The ergonomics of manual work. London: Taylor and Francis 1993, S. 613-616

Holzmann 1982

Holzmann, P.: ARBAN - A new method for analysis of ergonomic effort. In: Applied Ergonomics 13 (1982) 2, S. 82-86

Hsaio & Keyserling 1991

Hsaio, H.; Keyserling, W.M.: Evaluating posture behaviour during seated tasks. In: International Journal of Industial Ergonomics 8 (1991) S. 313-334

Iberall & MacKenzie 1990

Iberall, T.; MacKenzie C. L.: Opposition space and human prehension. In: Venkataraman, S.T. (Hrsg.); Iberall T. (Hrsg.): Dextrous robot hands. New York: Springer 1990, S. 32-54

ISO 8402

DIN ISO 8402: Qualität. Berlin: Beuth 1989

Jäger & Hecktor 1991

Jäger, M.; Hecktor, K.: Ergon Expert - ein wissenbasiertes System zur Analyse und Gestaltung von Lastenmanipulationen. In: Zeitschrift für Arbeitswissenschaft 45 (1991) 4, S. 216-222

Jäger & Luttmann 1989

Jäger, M.; Luttmann, A.: Biomechanical analysis and assessment of lumbar stress during load lifting using a dynamic 19-segment human model. In: Ergonomics 32 (1989) 1, S. 93-112

Jäger & Luttmann 1991

Jäger, M.; Luttmann, A.: Compressive Strength of lumbar spine elements related to age, gender, and other influencing factors. In: Anderson, P.A. et al.: Electromyographical kinesiology, Baltimore. Amsterdam: Elsevier 1991

Jäger & Luttmann 1992

Jäger, M.; Luttmann, A.: The load on the lumbar spine during asymmetrical bimanual materials handling. In: Ergonomics 35 (1992) 7/8, S. 783-805

Järvinen et al. 1996

Järvinen, J. et al.: Safety design by using three-dimensional simulation models. In: International Journal of Industrial Ergonomics 17 (1996), S. 343-350

Jastrzebska-Fraczek & Schmidtke 1992

Jastrzebska-Fraczek, I.; Schmidtke, H.: EDS - Ein ergonomisches Datenbanksystem mit rechnergestütztem Prüfverfahren. In: Zeitschrift für Arbeitswissenschaft 46 (1992) 1, S. 41-50.

Jenner & Berger 1986

Jenner, R.-D.; Berger, G.: Arbeitsplatzgestaltung und Körpermaße. Köln: TÜV Rheinland 1986

Jenner & Kaufmann 1985

Jenner, R.-D.; Kaufmann, H.: Bosch-Arbeitshilfen für die ergonomische Arbeitsplatzgestaltung. 3. Aufl. Stuttgart: Robert Bosch GmbH 1985

John et al. 1992

John, J. et al.: Gelenk und Bewegung. Bern: Huber 1992

Jürgens et al. 1989

Jürgens, H.W. et al.: Internationaler anthropometrischer Datenatlas. Bremerhaven: Wirtschaftsverlag NW 1989

Kamusella 1991

Kamusella, C.: TOMMI - ein anthropometrisch-ergonomisches Simulationsmodell vom Menschen. In: Wiss. Zeitschrift der Humboldt-Universität zu Berlin, R. Medizin 40 (1991) 5, S. 169-175

Kant et al. 1990

Kant, I. et al.: Observations of working postures in garages using the Ovako Working Posture Analysing System (OWAS) and consequent workload reduction recommendations. In: Ergonomics 33 (1990) 2, S. 209-220

Kant et al. 1992

Kant, I. et al.: A survey of static and dynamic work postures of operating room staff. In: Int. Archives of Occupational and Environmental Health 63 (1992) 6, S. 423-428

Kapandji 1984

Kapandji, I.A.: Funktionelle Anatomie der Gelenke. Schematisierte und kommentierte Zeichnungen zur menschlichen Biomechanik. Bd.1: Obere Extremität. Stuttgart: Enke 1984. (Bücherei des Orthopäden Band 40)

Karhu et al. 1977

Karhu, O. et al.: Correcting working postures in industry: A practical method for analysis. In: Applied Ergonomics 8 (1977) 4, S. 199-201

Karhu et al. 1981

Karhu, O. et al.: Observing working postures in industry: Examples of OWAS application. In: Applied Ergonomics 12 (1981) 1, S. 13-17

Kato 1982
Kato, I.: Mechanical hands, illustrated. Tokyo: Survey Japan 1982

Kern & Schindhelm 1995
Kern, P.; Schindhelm, R.: Ergonomische Produktgestaltung von handgeführten Werkzeugen. In: Maschinenmarkt, 101 (1995) 11, S. 95-100

Kiparski 1989
Kiparski, von, R.: Physiologische und biomechanische Untersuchungen zum repetitiven Heben von Lasten. Dissertation, TU Berlin: 1989

Kirchner & Baum 1990
Kirchner, J.-H.; Baum, E.: Ergonomie für Konstrukteure und Arbeitsgestalter. REFA-Verband (Hrsg.). München: Hanser 1990

Kivi & Mattila 1991
Kivi, P.; Mattila, M.: Analysis and improvement of work postures in the building industry: application of the computerized OWAS method. In: Applied Ergonomics 22 (1991) 1, S. 43-48

Kloke 1990
Kloke, W.B.: WERNER: A personal computer implementation of an extensible anthropometric workplace design tool. In: Karwowski, W. (Hrsg.) et al.: Computer aided ergonomics. London: Taylor and Francis 1990, S. 57-67

Krist 1994
Krist, R.: Modellierung des Sitzkomforts: Eine experimentelle Studie. Weiden: Schuch 1994

Kroemer 1993
Kroemer, K.H.E.: The state of ergonomic knowledge about cumulative trauma disorders. In: Marras, W.S.. (Hrsg.) et al.: The ergonomics of manual work. London: Taylor and Francis 1993, S. 19-23

Krüger et al. 1990
Krüger et al.: Ergonomie im Fahrzeuginnenraum - Rechnergestützte Insassensimulation auf der Basis mathematischer Modelle und aktueller ergonomischer Daten. In: Verein Deutscher Ingenieure (Hrsg.): Düsseldorf: VDI-Verlag 1990 (VDI-Berichte Nr. 816), S. 459-468

Kühn 1987
Kühn, F.M.: Rechnergestützte Beurteilung der Belastung bei sensomotorischen und muskulären Arbeiten. Universität Dortmund, Fachbereich Maschinenbau, Dissertation, 1987

Kummetsteiner 1994

Kummetsteiner, G.: 3D-Bewegungssimulation als integratives Hilfsmittel zur Planung manueller Montagesysteme. Berlin: Springer 1994. (iwb Forschungsberichte Band 66)

Lanz & Wachsmuth 1959

Lanz, T. von; Wachsmuth, W.: Praktische Anatomie Bd.1, 3.Teil: Arm. Berlin: Springer 1959

Landau et al. 1995

Landau, K. et al.: Untersuchung der Körperhaltungen bei der Flugzeugbeladung mit der OWAS-Methode. In: Zeitschrift für Arbeitswissenschaft 49 (1995) 1, S. 84-89

Launis & Lehtelä 1992

Launis, M.; Lehtelä, J.: ErgoSHAPE - A design orientated ergonomic tool for AutoCAD. In: Mattila, M. (Hrsg.); Karwowski, W. (Hrsg.) et al.: Computer applications in ergonomics, occupational safety and health. Amsterdam: Elsevier 1992, S. 121-128

Laurig 1990

Laurig, W.: Grundzüge der Ergonomie: Erkenntnisse und Prinzipien. 3. Aufl. Berlin: Beuth 1990

Lay 1988

Lay, K.: Die Arbeitsraumgestaltung manueller Montagearbeitsplätze mit graphischen und wissensbasierten Methoden. Berlin: Springer 1988. (IPA/IAO Bericht Forschung und Praxis Band 128)

Leamon 1994

Leamon, T.B.: L5 / S1: So who is counting ?. In: International Journal of

Linner 1992

Linner, S.: Entwicklungszeiten verkürzen durch graphische Simulation. In: Verein Deutscher Ingenieure (Hrsg.): Datenverarbeitung in der Konstruktion, CAD im Maschinenbau. Düsseldorf: VDI-Verlag 1992 (VDI Berichte Nr. 993.1), S.101-115

Linner 1995

Linner, S.: Konzept einer integrierten Produktentwicklung. Berlin: Springer 1995. (iwb, Forschungsberichte Band 88)

Lippmann 1986

Lippmann, R.: OSCAR - Arbeitsplatzgestaltung mit Hilfe von CAD. In: REFA-Nachrichten 3/1986, S. 13-16

Lippmann 1988

Lippmann, R.: Arbeitsplatzgestaltung mit CAD und ANYBODY. In: REFA-Nachrichten 2/1988, S. 5-13

Lippmann 1993

Lippmann, R.: Rechnergestützte Ergonomie-Methoden für den Praktiker. Teil1 und Teil2. In: REFA-Nachrichten 3+4/1993

Löhr 1976

Löhr, R.W.: Ergonomie: Grundlagen der Wechselbeziehungen zwischen Mensch, Technik und Umwelt. Würzburg: Vogel 1976

Lorenz 1989

Lorenz, D.: CAD-Videosomatographie Entwicklung und Bewertung einer Methode zur anthropometrischen Arbeitsgestaltung. Berlin: Springer 1989. (IPA/IAO Bericht Forschung und Praxis Band 142)

Luczak 1975

Luczak, H.: Zur Theorie und Skalierung der Belastung. In: Brenner, W. et al. (Hrsg.): Verhandlungen der Deutschen Gesellschaft für Arbeitsmedizin e.V., Bericht über die 15. Jahrestagung der Deutschen Gesellschaft für Arbeitsmedizin e.V. (Ergonomische Aspekte der Arbeitsmedizin). Stuttgart: A.W.Gentner 1976

Luczak 1993

Luczak, H. (Hrsg.): Arbeitswissenschaft. Berlin: Springer 1993

Martin 1981

Martin, K.: Video-Somatographie - Ein neues Hilfsmittel bei der Arbeitsgestaltung. In: FB / IE 30 (1981), S. 21-26

Martin 1989

Martin, K.: Grenzen für das Handhaben von Lasten - Erkenntnisse, Methoden, Erfahrungen, Beispiele. In: angewandte Arbeitswissenschaft, Mitteilungen des IfaA (1989), Nr.119, S. 1-35

Martin et al. 1988

Martin, K. et al.: Handhaben von Lasten - Zwei Methoden zur Ermittlung von Grenzlasten. In: REFA-Nachrichten 3/1988, S. 5-9

Mattila et al. 1992

Mattila, M. et al.: A computerized OWAS analysis of work postures in the papermill industry. In: Mattila, M. (Hrsg.); Karwowski, W. (Hrsg.) et al.: Computer applications in ergonomics, occupational safety and health. Amsterdam: Elsevier 1992, S. 365-372

Mattila et al. 1993
Mattila, M. et al.: Analysis of working postures in hammering tasks on building construction sites using the computerized OWAS method. In: Applied Ergonomics 24 (1993) 6, S. 405-412

Maul & Solf 1969
Maul, H.; Solf, J.: Der Weg zum richtigen Griff. Sonderheft der REFA-Nachrichten, Berlin: Beuth 1969

Maynard et al. 1948
Maynard, H.B. et al.: Methods-Time Measurement. New York, USA: McGraw-Hill 1948

McGill et al. 1996
McGill, S.M. et al.: A simple polynomial that predicts low-back compression during complex 3-D tasks. In: Ergonomics 39 (1996) 9, S. 1107-1118

Menges 1992
Menges, R.: Synthese und Simulation dreidimensionaler Hand-Arm-Bewegungen an manuellen Montagearbeitsplätzen. Berlin: Springer 1992. (IPA/IAO-Berichte Forschung und Praxis, Band 166)

Menges 1995
Menges, R.: Rechnergestützte Bewegungssimulation mit ERGOMan. In: REFA-Nachrichten 2/1995, S. 13-18

Milberg 1991
Milberg, J.: Wettbewerbsfaktor Zeit in Produktionsunternehmen. In: Milberg, J. (Hrsg.): Wettbewerbsfaktor Zeit in Produktionsunternehmen. Berlin: Springer 1991, S. 11-31

Milberg 1994
Milberg, J.: Unsere Stärken stärken - Der Weg zu Wettbewerbsfähigkeit und Standortsicherung. In: Milberg, J. (Hrsg.); Reinhart, G. (Hrsg.): Unsere Stärken stärken. Landsberg / Lech: Moderne Industrie 1994, S. 11-31

Milberg & Schuster 1992
Milberg, J.; Schuster, G.: Effizienz- und Qualitätssteigerung bei der Produkt- und Produktionsgestaltung. In: IPK/IWF/WGP/IWF e.V./IMT (Hrsg.): Markt, Arbeit und Fabrik. Vorträge des Produktionstechnischen Kolloquiums. Berlin: 1992

Mital et al. 1993
Mital, A. et al.: Point representation versus solid representation of limb mass and its effect on the moment at a joint. In: International Journal of Industrial Ergonomics 11 (1993), S. 67-71

Mossink 1990

Mossink, J.C.M.: Case history: design of a packaging workstation. In: Ergonomics 33 (1990) 4, S. 399-406

MSD 1987

MSD Sharpe & Dohme (Hrsg.): Normmaße der Gelenkbeweglichkeit, Maßstab der Rheumatherapie. MSD Sharpe & Dohme: 1987

MTM e.V. 1990

Deutsche MTM-Vereinigung e.V (Hrsg.): MTM-Handbuch I (Grundlehrgangsunterlage). 7. Aufl. Hamburg: Deutsche MTM-Vereinigung e.V 1990

Napier 1956

Napier, J.R.: The prehensile movements of the human hand. In: Journal of Bone and Joint Surgery, 38B (1956), S. 902-913

Nicholson & Ridd 1988

Nicholson, A.S. (Hrsg.); Ridd, J.E. (Hrsg.): Health, Safety and ergonomics. London: 1988

NIOSH 1981

National Institute for Occupational Safety and Health (Hrsg.): Work practices guide for manual lifting. (Centers for Disease Control, U.S. Department of health and human services). Cincinnati, OH, USA: NTIS 1981 (NIOSH Technical Report 81-122) (National Technical Information Service NTIS PB81-178948)

NIOSH 1991

National Institute for Occupational Safety and Health: Scientific support documentation for the revised 1991 NIOSH lifting equation. Springfield, VA, USA: NTIS 1991. (National Technical Information Service NTIS PB91-226274)

NTIS 1994

National Technical Information Service (Hrsg.): Lift Guide Software. USA, Springfield, VA, USA: NTIS 1994

OpenGL 1993

OpenGL Architecture Review Board (Hrsg.): OpenGL programming guide. Reading, USA: Addison Wesley 1993

OWAS 1981

OWAS: OWAS basic course, Schulungsunterlagen. 4/1981

Pfeiffer & Reithmeier 1987

Pfeiffer, F.; Reithmeier, E.: Roboterdynamik. Stuttgart: Teubner 1987

Pfrang 1990

Pfrang, W.: Rechnergestützte und graphische Planung manueller und teilautomatisierter Arbeitsplätze. Berlin: Springer 1990. (iwb Forschungsberichte Band 29)

Pheasant 1986

Pheasant, S.T.: Body Space: Anthropometry, Ergonomics and Design. London: Taylor & Francis 1986

Pischetsrieder 1994

Pischetsrieder, B.: Standortsicherung und Internationalisierung - Grundsätzliche Überlegungen über die Automobilindustrie und ihre Zulieferer. In: Milberg, J. (Hrsg.); Reinhart, G. (Hrsg.): Unsere Stärken stärken. Landsberg / Lech: Moderne Industrie 1994, S. 43-52

Pizatella et al. 1992

Pizatella, T.J., et al.: Understanding and evaluating manual handling injuries: NIOSH research studies. In: Ergonomics 35 (1992) 9, S. 945-953

Priel 1974

Priel, V.Z.: A numerical definition of posture. In: Human Factors 16 (1974) 6, S. 576-584

Raikova 1992

Raikova, R.: A general approach for modelling and mathematical investigation of the human upper limb. In: Journal of Biomechanics 25 (1992) 8, S. 857-867

Rao et al. 1989

Rao, K. et al.: Shape description and grasping for robot hand-eye coordination. In: IEEE Control Systems Magazine 9 (1989) 2, S. 22-29

REFA 1971a

REFA Verband für Arbeitsstudien e.V. (Hrsg.): Methodenlehre des Arbeitsstudiums. Teil 1: Grundlagen. München: Hanser 1971.

REFA 1971b

REFA Verband für Arbeitsstudien e.V. (Hrsg.): Methodenlehre des Arbeitsstudiums. Teil 3: Kostenrechnung, Arbeitsgestaltung. München: Hanser 1971

REFA 1987

REFA - Fachausschuß Chemie: Handhaben von Lasten. Darmstadt: REFA-Eigendruck 1987

Reinhart 1994

Reinhart, G.: Wettbewerbsfähige Produktion - Voraussetzung für eine strategische Entscheidung. In: Milberg, J. (Hrsg.); Reinhart, G. (Hrsg.): Unsere Stärken stärken. Landsberg / Lech: Moderne Industrie 1994, S. 187-211

Rey & Bousquet 1995
Rey, P.; Bousquet, A.: Compensation for occupational injuries and diseases: its effect upon prevention at the workplace. In: Ergonomics 38 (1995) 3, S. 475-486

Richenhagen 1995
Richenhagen, G.: Bildschirmarbeitsplätze. Neuwied: Luchterhand 1995

Rohmert & Hettinger 1963
Rohmert, W.; Hettinger, T.: Körperkräfte im Bewegungsraum. Berlin: Beuth 1963

Rohmert & Mainzer 1986
Rohmert, W.; Mainzer, J.: Influence parameters and assessment methods for evaluating body postures. In: Corlett, E.N. (Hrsg.) et al.: The ergonomics of working postures. London: Taylor and Francis 1986, S. 183-217

Rohmert & Schaub 1990
Rohmert, W.; Schaub, K.G.: HEINER - ein neues Werkzeug zur ergonomischen Gestaltung. In: technologie & management 1/90, S. 12-22

Rohmert & Schmidtke 1981
Rohmert, W.; Schmidtke, H.: Ergonomische Bewertungsverfahren. In: Schmidtke, H. (Hrsg.): Lehrbuch der Ergonomie. 2. Aufl. München: Hanser 1981, S. 535-547

Rohmert et al. 1988
Rohmert, W. et al.: Körperhaltungsstudie bei Lade- und Palettierungstätigkeiten auf einem Großflughafen. In: Arbeitsmedizin Sozialmedizin Präventivmedizin 23 (1988) 4, S. 91-96

Rose 1993
Rose, B.: Der Mensch als Faktor. In: VDI nachrichten magazin 2/1994, S. 19-21

Rühmann 1991
Rühmann, H.: Belastungsbewertung im Hinblick auf geschlechtsspezifische Leistungsfähigkeitsunterschiede. In: Arbeit,- Gestaltung - Organisation - Entgelt. Köln: Bachem 1991. (Schriftenreihe des Instituts für angewandte Arbeitswissenschaft e.V., Band 25)

Rühmann & Schmidtke 1992

Rühmann, H. (Hrsg.); Schmidtke, H. (Hrsg.): Körperkräfte des Menschen: Perzentilierung isometrischer Maximalkräfte sowie Ausdauer und Beanspruchung bei konzentrischer und exzentrischer Muskelarbeit / Kolloquium des Lehrstuhls für Ergonomie der TU München zum HdA-Projekt, Körperkräfte des Menschen Teil II. Köln: O.Schmidt 1992. (Dokumentation Arbeitswissenschaft Band 31)

Rudolph et al. 1994

Rudolph, H. et al.: Ansätze zur Verbesserung des Burandt-Schultetus-Verfahrens zur Bestimmung zulässiger Armkräfte. In: Zeitschrift für Arbeitswissenschaft 48 (1994) 1, S. 54-59

Sachse 1976

Sachse, J.: Manuelle Untersuchung und Mobilitätsbehandlung der Extremitätengelenke. Berlin: VEB Verlag Volk und Gesundheit 1976

Sämann 1970

Sämann, W.: Charakteristische Merkmale und Auswirkungen ungünstiger Arbeitshaltungen. Berlin: Beuth 1970

Salwiczek 1982

Salwiczek, P.: Rechnerunterstützte Planung und Gestaltung manueller Arbeitsmethoden auf der Basis eines Systems vorbestimmter Zeiten. Düsseldorf: VDI-Verlag 1982 (Fortschrittberichte VDI-Z, Reihe 16 Nr. 14)

Schaub 1993

Schaub, K.: KhS - a new method for the evaluation of working postures. In: Marras, W.S.. (Hrsg.) et al.: The ergonomics of manual work. London: Taylor and Francis 1993, S. 249-252

Schmidt & Lanz 1992

Schmidt, H.-M.; Lanz, U.: Chirurgische Anatomie der Hand. Stuttgart: Hippokrates 1992

Schmidtke 1976

Schmidtke, H.: Ergonomische Bewertung von Arbeitssystemen. München: Hanser 1976

Schmidtke 1989

Schmidtke, H.: Ergonomische Prüfung von technischen Komponenten, Umweltfaktoren und Arbeitsaufgaben. München: Hanser 1989

Schmidtke 1993

Schmidtke, H. (Hrsg.): Ergonomie. 3. Aufl. München: Hanser 1993

Schnauber & Zerlett 1983
Schnauber H.; Zerlett, G.: Beanspruchungsmeßmethoden. Köln: TÜV Rheinland 1983

Schultetus 1980
Schultetus, W.: Montagegestaltung. Köln: TÜV Rheinland 1980

Schuster 1992
Schuster, G.: Rechnergestütztes Planungssystem für die flexibel automatisierte Montage. Berlin: Springer 1992. (iwb Forschungsberichte Band 55)

Seidl 1994
Seidl, A.: Das Menschmodell RAMSIS Analyse, Synthese und Simulation dreidimensionaler Körperhaltungen des Menschen. Dissertation, Fakultät für Maschinenwesen, TU München 1994

Seidl et al. 1992
Seidl, A. et al.: RAMSIS: 3D-Menschmodell und integriertes Konzept zur Erhebung und konstruktiven Nutzung von Ergonomie-Daten. In: Verein Deutscher Ingenieure (Hrsg.): Das Mensch-Maschine-System im Verkehr. Düsseldorf: VDI-Verlag 1992 (VDI-Berichte Nr. 948), S. 297-309

Siemens AG 1981
Siemens AG (Hrsg.): Daten und Hinweise zur Arbeitsgestaltung: Körperkräfte. 3. Aufl. Erlangen: 1981

Soechting 1989
Soechting, J.F.: Elements of coordinated arm movements in three-dimensinal space In: Perspectives on the coordination of movement, Amsterdam. 1989, S. 47-83

Sperling et al. 1993
Sperling, L. et al.: A cube model for the classification of work with hand tools and the formulation of functional requirements. In: Applied Ergonomics 24 (1993) 3, S. 212-220

Spilling et al. 1986
Spilling, S. et al.: Cost-Benefit Analysis of Work Environment investment at STK's telephone plant at Kongsvinger. In: Corlett, E.N. (Hrsg.) et al.: The ergonomics of working postures. London: Taylor and Francis 1986, S. 380-397

Spitzer et al. 1982
Spitzer, H. et al.: Tafeln für den Energieumsatz bei körperlicher Arbeit. 6. Aufl. Berlin: Beuth 1982

Spur 1991

Spur, G.: Rationalisierung zeitbestimmender Arbeitsprozesse. In: Milberg, J. (Hrsg.): Wettbewerbsfaktor Zeit in Produktionsunternehmen. Berlin: Springer 1991, S. 95-112

Stoffert 1985

Stoffert, G.: Analyse und Einstufung von Körperhaltungen bei der Arbeit nach der OWAS-Methode. In: Zeitschrift für Arbeitswissenschaft 39 (1985) 1, S. 31-38

Susnik & Gazvoda 1986

Susnik, J.; Gazvoda, T.: Torque of the dorsal erectors and the compressive load on the L5/S1 disk at inclined postures and when lifting. In: Corlett, E.N. (Hrsg.) et al.: The ergonomics of working postures. London: Taylor and Francis 1986, S. 218-231

Takkala 1993

Takkala, J.: Health, safety and ergonomics in an international perspective. In: Marras, W.S.. (Hrsg.) et al.: The ergonomics of manual work. London: Taylor and Francis 1993, S. 3-8

Tauber 1990

Tauber, A.: Modellbildung kinematischer Strukturen als Komponente der Montageplanung. Berlin: Springer 1990. (iwb Forschungsberichte Band 30)

Thiehoff 1993a

Thiehoff, R.: Arbeitsschutz und Wirtschaftlichkeit. In: Amtliche Mitteilungen der Bundesanstalt für Arbeitsschutz. 2/1993, S. 7-9 und 1/1994, S. 3-5

Thiehoff 1993b

Thiehoff, R.: Probleme und Möglichkeiten wirtschaftlicher Begründungen für den Arbeitsschutz. In: Sicherheitsingenieur 2/1993, S. 10-13 (Teil1) und 3/1993, S. 16-18 (Teil2)

Thiehoff 1994

Thiehoff, R.: Gesundheitsförderung als Wirtschaftsfaktor. In: Die Betriebskrankenkasse 2/1994, S. 84-86

Thomas et al. 1995

Thomas, R.G. et al.: Baggage handling postures and the design of conveyors. In: Applied Ergonomics 26 (1995) 2, S. 123-127

Tracy & Corlett 1991

Tracy, M.F.; Corlett, E.N.: Loads on the body during static tasks: software incorporating the posture targetting method. In: Applied Ergonomics 22 (1991) 6, S. 362-366

Tsotsis 1987

Tsotsis, G.: Entwicklung eines biomechanischen Modells des Hand-Arm-Systems -Lagebestimmung und die Statik seiner Glieder als geschlossene kinematische Gelenkkette-. Berlin: Springer 1987. (IPA/IAO-Berichte Forschung und Praxis, Band 108)

VDI-ADB 1980

VDI-Gesellschaft Produktionstechnik (ADB) (Hrsg.): Handbuch der Arbeitsgestaltung und Arbeitsorganisation. Düsseldorf: VDI-Verlag 1980

Vedder & Laurig 1994

Vedder, J.; Laurig, W.: ErgonLIFT: Rechner-Programm zur Gefährdungsanalyse beim manuellen Handhaben von Lasten - Umsetzung der EWG-Richtlinie 90/269/EWG. In: Zeitschrift für Arbeitswissenschaft 48 (1994) 2, S. 67-74

Vilkki et al. 1993

Vilkki, M. et al.: Improving work postures and manual materials handling tasks in manufacturing: a case study. In: Marras, W.S.. (Hrsg.) et al.: The ergonomics of manual work. London: Taylor and Francis 1993, S. 273-276

Vink et al. 1993

Vink, P. et al.: Evaluation of "lifting-ADVISOR", software optimizing the applicability of the revised NIOSH-equation. In: Marras, W.S. (Hrsg.) et al.: The ergonomics of manual work. London: Taylor and Francis 1993, S. 81-84

Wagner 1985

Wagner, R.: Job analysis at ARBED. In: Ergonomics 28 (1985) 1, S. 255-273

Waldhier 1993

Waldhier, T.: Integrierte rechnerunterstützte Produkt- und Arbeitsplatzgestaltung für die stationäre manuelle Montage. Karlsruhe: 1993 (Forschungsberichte aus dem Institut für Arbeitswissenschaft und Betriebsorganisation der Universität Karlsruhe, Band 5)

Waller & Reiff 1990

Waller, H.; Reiff, S.: Videosomatographie - ein Hilfsmittel zur rationellen Gestaltung von Arbeitsplätzen. In: Zeitschrift für Arbeitswissenschaft 44 (1990) 3, S. 179-183

Wallner 1970

Wallner, J.M.: Das MTM-System als Rationalisierungs- und Kalkulationsgrundlage. Blaue TR-Reihe, Heft 55, Bern Schweiz: Hallwag 1970

Wangenheim et al. 1986

Wangenheim, M. et al.: ARBAN - a force ergonomic analysis method. In: Corlett, E.N. (Hrsg.) et al.: The ergonomics of working postures. London: Taylor and Francis 1986, S. 243-255

Waters et al. 1993a

Waters, T.R. et al.: Revised NIOSH equation for the design and evaluation of manual lifting tasks. In: Ergonomics 36 (1993) 7, S. 749-776

Waters et al. 1993b

Waters, T.R. et al.: A method for assessing multi-task manual lifting jobs using the revised NIOSH lifting equation. In: Marras, W.S.. (Hrsg.) et al.: The ergonomics of manual work. London: Taylor & Francis 1993, S. 77-80

Waters et al. 1994

Waters, T.R. et al.: Applications Manual for the revised NIOSH lifting equation. Cincinnati, OH, USA: CDC 1994 (NIOSH Publication 94-110)

Wildemann 1991

Wildemann, H.: Zeit als Wettbewerbsfaktor durch Motivation und Qualifikation. In: Milberg, J. (Hrsg.): Wettbewerbsfaktor Zeit in Produktionsunternehmen. Berlin: Springer 1991, S. 337-361

Wloka 1992

Wloka, D.W.: Robotertechnik Bd.1, Technische Grundlagen. Berlin: Springer 1992

Woenckhaus 1994

Woenckhaus, C.: Rechnergestütztes System zur automatischen 3D - Layoutoptimierung. Berlin: Springer 1994. (iwb Forschungsberichte Band 65)

Wrba 1990

Wrba, P.: Simulation als Werkzeug in der Handhabungstechnik. Berlin Springer 1990. (iwb Forschungsberichte Band 25)

Zülch et al. 1995

Zülch, G. et al.: Konzipierung und Bewertung manueller Montagesysteme unter ergonomischen Gesichtspunkten. In: Zeitschrift für Arbeitswissenschaft 49 (1995) 3, S. 69-76

Zülch 1996

Zülch G.: Arbeitsplatzgestaltung. In: Kern, W. (Hrsg.) et al.: Handwörterbuch der Produktionswirtschaft. Stuttgart: Schäffer-Poeschel 1996, S.126-137

iwb Forschungsberichte

Berichte aus dem Institut für Werkzeugmaschinen und Betriebswissenschaften der Technischen Universität München

Herausgeber: Prof. Dr.-Ing. J. Milberg und Prof. Dr.-Ing. G. Reinhart

---

1 **Streifinger, E.**
Beitrag zur Sicherung der Zuverlässigkeit und Verfügbarkeit moderner Fertigungsmittel
1986. 72 Abb. 167 Seiten, ISBN 3-540-16391-3 — 68,- DM

2 **Fuchsberger, A.**
Untersuchung der spanenden Bearbeitung von Knochen
1986. 90 Abb. 175 Seiten, ISBN 3-540-16392-1 — 68,- DM

3 **Maier, C.**
Montageautomatisierung am Beispiel des Schraubens mit Industrierobotern
1986. 77 Abb. 144 Seiten, ISBN 3-540-16393-X — 68,- DM

4 **Summer, H.**
Modell zur Berechnung verzweigter Antriebsstrukturen
1986. 74 Abb. 197 Seiten, ISBN 3-540-16394-8 — 68,- DM

5 **Simon, W.**
Elektrische Vorschubantriebe an NC-Systemen
1986. 141 Abb. 198 Seiten, ISBN 3-540-16693-9 — 68,- DM

6 **Büchs, S.**
Analytische Untersuchungen zur Technologie der Kugelbearbeitung
1986. 74 Abb. 173 Seiten, ISBN 3-540-16694-7 — 68,- DM

7 **Hunzinger, I.**
Schneiderodierte Oberflächen
1986. 79 Abb. 162 Seiten, ISBN 3-540-16695-5 — 68,- DM

8 **Pilland, U.**
Echtzeit-Kollisionsschutz an NC-Drehmaschinen
1986. 54 Abb. 127 Seiten, ISBN 3-540-17274-2 — 68,- DM

9 **Barthelmeß, P.**
Montagegerechtes Konstruieren durch die Integration von Produkt- und Montageprozeßgestaltung
1987. 70 Abb. 144 Seiten, ISBN 3-540-18120-2 — 68,- DM

10 **Reithofer, N.**
Nutzungssicherung von flexibel automatisierten Produktionsanlagen
1987. 84 Abb. 176 Seiten, ISBN 3-540-18440-6 — 68,- DM

11 **Diess, H.**
Rechnerunterstützte Entwicklung flexibel automatisierter Montageprozesse
1988. 56 Abb. 144 Seiten, ISBN 3-540-18799-5 — 73,- DM

12 **Reinhart, G.**
Flexible Automatisierung der Konstruktion
und Fertigung elektrischer Leitungssätze
1988, 112 Abb. 197 Seiten, ISBN 3-540-19003-1 73,- DM

13 **Bürstner, H.**
Investitionsentscheidung in der rechnerintegrierten Produktion
1988, 77Abb. 190 Seiten, ISBN 3-540-19099-6 73,- DM

14 **Groha, A.**
Universelles Zellenrechnerkonzept für flexible Fertigungssysteme
1988, 74 Abb. 153 Seiten, ISBN 3-540-19182-8 73,- DM

15 **Riese, K.**
Klipsmontage mit Industrierobotern
1988, 92 Abb. 150 Seiten, ISBN 3-540-19183-6 73,- DM

16 **Lutz, P.**
Leitsysteme für rechnerintegrierte Auftragsabwicklung
1988, 44 Abb. 144 Seiten, ISBN 3-540-19260-3 73,- DM

17 **Klippel, C.**
Mobiler Roboter im Materialfluß eines flexiblen Fertigungssystems
1988, 86 Abb. 164 Seiten, ISBN 3-540-50468-0 73,- DM

18 **Rascher, R.**
Experimentelle Untersuchungen zur Technologie der Kugelherstellung
1989, 110 Abb. 200 Seiten, ISBN 3-540-51301-9 73,- DM

19 **Heusler, H.-J.**
Rechnerunterstützte Planung flexibler Montagesysteme
1989, 43 Abb. 154 Seiten, ISBN 3-540-51723-5 73,- DM

20 **Kirchknopf, P.**
Ermittlung modaler Parameter aus Übertragungsfrequenzgängen
1989, 57 Abb. 157 Seiten, ISBN 3-540-51724 73,- DM

21 **Sauerer, Ch.**
Beitrag für ein Zerspanprozeßmodell Metallbandsägen
1990, 89 Abb. 166 Seiten, ISBN 3-540-51868-1 78,- DM

22 **Karstedt, K.**
Positionsbestimmung von Objekten in der Montage-
und Fertigungsautomatisierung
1990, 92 Abb. 157 Seiten, ISBN 3-540-51879-7 78,- DM

23 **Peiker, St.**
Entwicklung eines integrierten NC-Planungssystems
1990, 66 Abb. 180 Seiten, ISBN 3-540-51880-0 78,- DM

24 **Schugmann, R.**
Nachgiebige Werkzeugaufhängungen für die automatische Montage
1990. 71 Abb. 155 Seiren, ISBN 3-540-52138-0 78,- DM

25 **Wrba, P**
Simulation als Werkzeug in der Handhabungstechnik
1990, 125 Abb., 178 Seiten, ISBN 3-540-52231-X 78,- DM

26 **Eibelshäuser, P.**
Rechnerunterstützte experimentelle Modalanalyse
mitells gestufter Sinusanregung
1990, 79 Abb., 156 Seiten, ISBN 3-540-52451-7 78,- DM

27 **Prasch, J.**
Computerunterstützte Planung von chirurgischen Eingriffen
in der Orthopädie
1990, 113 Abb., 164 Seiten, ISBN 3-540-52543-2 78,- DM

28 **Teich, K.**
Prozeßkommunikation und Rechnerverbund in der Produktion
1990, 52 Abb., 158 Seiten, ISBN 3-540-52764-8 78,- DM

29 **Pfrang, W.**
Rechnergestützte und graphische Planung manueller
und teilautomatisierter Arbeitsplätze
1990, 59 Abb., 153 Seiten, ISBN 3-540-52829-6 78,- DM

30 **Tauber, A.**
Modellbildung kinematischer Stukturen
als Komponente der Montageplanung
1990, 93 Abb., 190 Seiten, ISBN 3-540-52911-X 78,- DM

31 **Jäger, A.**
Systematische Planung komplexer Produktionssysteme
1991, 75 Abb., 148 Seiten, ISBN 3-540-53021-5 78,- DM

32 **Hartberger, H.**
Wissensbasierte Simulation komplexer Produktionssysteme
1991, 58 Abb., 154 Seiten, ISBN 3-540-53326-5 78,- DM

33 **Tuczek H.**
Inspektion von Karosseriepreßteilen auf Risse und Einschnürungen
mittels Methoden der Bildverarbeitung
1992, 125 Abb., 179 Seiten, ISBN 3-540-53965-4 88,- DM

34 **Fischbacher, J.**
Planungsstrategien zur strömungstechnischen Optimierung
von Reinraum-Fertigungsgeräten
1991, 60 Abb., 166 Seiten, ISBN 3-540-54027-X 78,- DM

35 **Moser, O.**
3D-Echtzeitkollisionsschutz für Drehmaschinen
1991, 66 Abb., 177 Seiten, ISBN 3-540-54076-8 78,- DM

36 **Naber, H.**
Aufbau und Einsatz eines mobilen Roboters mit
unabhängiger Lokomotions- und Manipulationskomponente
1991, 85 Abb., 139 Seiten, ISBN 3-540-54216-7 78,- DM

37 **Kupec, Th.**
Wissensbasiertes Leitsystem zur Steuerung flexibler Fertigungsanlagen
1991, 68 Abb., 150 Seiten, ISBN 3-540-54260-4 78,- DM

38 **Maulhardt, U.**
Dynamisches Verhalten von Kreissägen
1991, 109 Abb., 159 Seiten, ISBN 3-540-54365-1 78,– DM

39 **Götz, R.**
Stukturierte Planung flexibel automatisierter Montagesysteme
für flächige Bauteile
1991, 86 Abb., 201 Seiten, ISBN 3-540-54401-1 78,– DM

40 **Koepfer, Th.**
3D- grafisch-interaktive Arbeitsplanung – ein Ansatz
zur Aufhebung der Arbeitsteilung
1991, 74 Abb., 126 Seiten, ISBN 3-540-54436-4 78,– DM

41 **Schmidt, M.**
Konzeption und Einsatzplanung flexibel automatisierter
Montagesysteme
1992, 108 Abb., 168 Seiten, ISBN 3-540-55025-9 88,– DM

42 **Burger, C.**
Produktionsregelung mit entscheidungsunterstützenden
Informationssystemen
1992, 94 Abb., 186 Seiten, ISBN 5-540- 55187-5 88,– DM

43 **Hoßmann, J.**
Methodik zur Planung der automatischen Montage von nicht
formstabilen Bauteilen
1992, 73 Abb., 168 Seiten, ISBN 3-540-5520-0 88,– DM

44 **Petry, M.**
Systematik zur Entwicklung eines modularen Programm-
baukastens für robotergeführte Klebeprozesse
1992, 106 Abb., 139 Seiten ISBN 3-540-55374-6 88,– DM

45 **Schönecker, W.**
Integrierte Diagnose in Produktionszellen
1992, 87 Abb., 159 Seiten, ISBN 3-540-55375-4 88,– DM

46 **Bick, W.**
Systematische Planung hybrider Montagesyste unter
Berücksichtigung der Ermittlung des optimalen Automatisierungsgrades
1992, 70 Abb., 156 Seiten ISBN 3-540-55377-0 88,– DM

47 **Gebauer, L.**
Prozeßuntersuchungen zur automatisierten Montage
von optischen Linsen
1992, 84 Abb., 150 Seiten, ISBN 3-540- 55378-9 88,– DM

48 **Schrüfer, N.**
Erstellung eines 3D-Simulationssystems zur Reduzierung
von Rüstzeiten bei der NC-Bearbeitung
1992, 103 Abb., 161 Seiten, ISBN 3-540-55431-9 88,– DM

49 **Wisbacher, J.**
Methoden zur rationellen Automatisierung der Montage
von Schnellbefestigungselementen
1992, 77 Abb., 176 Seiten, ISBN 3-540-55512-9 88,– DM

50 **Garnich. F.**
Laserbearbeitung mit Robotern
1992, 110 Abb., 184 Seiten, ISBN 3-540- 55513-7 88,– DM

51 **Eubert, P.**
Digitale Zustandsregelung elektrischer Vorschubantriebe
1992, 89 Abb., 159 Seiten, ISBN 3-540-44441-2 88,- DM

52 **Glaas, W.**
Rechnerintegrierte Kabelsatzfertigung
1992, 67 Abb., 140 Seiten, ISBN 3-540-55749-0 88,- DM

53 **Helml, H.J.**
Ein Verfahren zur on-line Fehlererkennung und Diagnose
1992, 60 Abb., 153 Seiten, ISBN 3-540-55750-4 88,- DM

54 **Lang, Ch.**
Wissensbasierte Unterstützung der Verfügbarkeitsplanung
1992, 75 Abb., 150 Seiten, ISBN 3-540-55751-2 88,- DM

55 **Schuster, G.**
Rechnergestütztes Planungssystem für die flexibel automatisierte Montage
1992, 67 Abb., 135 Seiten, ISBN 3-540-55830-6 88,- DM

56 **Bomm, H.**
Ein Ziel- und Kennzahlensystem zum Investitionscontrolling komplexer Produktionssysteme
1992, 87 Abb., 195 Seiten, ISBN 3-540-55964-7 88,- DM

57 **Wendt, A.**
Qualitätssicherung in flexibel automatisierten Montagesystemen
1992, 74 Abb., 179 Seiten, ISBN 3-540-56044-0 88,- DM

58 **Hansmaier, H.**
Rechnergestütztes Verfahren zur Geräuschminderung
1993, 67 Abb., 156 Seiten, ISBN 3-540-56043-2 88,- DM

59 **Dilling, U.**
Planung von Fertigungssystemen unterstützt durch Wirtschaftlichkeitssimulation
1993, 72 Abb., 146 Seiten, ISBN 3-540-56307-5 88,- DM

60 **Strohmayr, R.**
Rechnergestützte Auswahl und Konfiguration von Zubringeeinrichtungen
1993, 80 Abb., 152 Seiten, ISBN 3-540-56652-X 88,- DM

61 **Glas, J.**
Standardisierter Aufbau anwendungsspezifischer Zellenrechnersoftware
1993, 80 Abb., 145 Seiten, ISBN 3-540-56890-5 88,- DM

62 **Stetter, R.**
Rechnergestützte Simulationswerkzeuge zur Effizienzsteigerung des Industrierobotereinsatzes
1994, 91 Abb., 146 Seiten, ISBN 3-540-568891 88,- DM

63 **Dirndorfer, A.**
Robotersysteme zur förderbandsynchronen Montage
1993, 76 Abb, 144 Seiten, ISBN 3-540-57031-4 88,- DM

64 **Wiedemann, M.**
Simulation des Schwingungsverhaltens spanender Werkzeugmaschinen
1993, 81 Abb., 137 Seiten, ISBN 3-540-57177-9 88,- DM

65 **Woenckhaus, Ch.**
Rechnergestütztes System zur automatisierten 3D-Layoutoptimierung
1994, 81 Abb., 140 Seiten,ISBN 3540-57284-8 88,– DM

66 **Kummetsteiner, G.**
3D-Bewegungssimulation als integratives Hilfsmittel zur Planung manueller Montagesysteme
1994, 62 Abb.; 146 Seiten, ISBN 3-540-57535-9 88,– DM

67 **Kugelmann, F.**
Einsatz nachgiebiger Elemente zur wirtschaftlichen Automatisierung von Produktionssystemen
1993, 76 Abb., 144 Seiten, ISBN 3-540-57549-9 88,– DM

68 **Schwarz, H.**
Simulationsgestützte CAD/CAM-Kopplung für die 3D-Laserbearbeitung mit integrierter Sensorik
1994, 96 Abb., 148 Seiten, ISBN 3-540-57577-4 88,– DM

69 **Viethen, U.**
Systematik zum Prüfen in Flexiblen Fertigungssytemen
1994, 70 Abb., 142 Seiten, ISBN 3-540-57794-7 88,– DM

70 **Seehuber, M.**
Automatische Inbetriebnahme geschwindigkeitsadaptiver Zustandsregler
1994, 72 Abb., 155 Seiten, ISBN 3-540-57896-X 88,– DM

71 **Amann, W.**
Eine Simulationsumgebung für Planung und Betrieb von Produktionssystemen
1994, 71 Abb., 129 Seiten, ISBN 3-540-57924-9 88,– DM

72 **Schöpf, M.**
Rechnergestützes Projektinformations- und Koordinationssystem für das Fertigungsvorfeld
1997, 63 Abb., 130 Seiten, ISBN 3-540-58052-2 88,– DM

73 **Welling, A.**
Effizienter Einsatz bildgebender Sensoren zur Flexibilisierung automatisierter Handhabungsvorgänge
1994, 66 Abb., 139 Seiten, ISBN 3-540-580-0 88,– DM

74 **Zetlmayer, H,**
Verfahren zur simulationsgestützen Produktionsregelung in der Einzel- und Kleinserienproduktion
1994, 62 Abb., 143 Seiten, ISBN 3-540-58134-0 88,– DM

75 **Lindl, M.**
Auftragsleittechnik für Konstruktion und Arbeitsplanung
1994, 66 Abb,. 147 Seiten, ISBN 3-540-58221-5 88,– DM

76 **Zipper, B.**
Das integrierte Betriebsmittelwesen – Baustein einer flexiblen Fertigung
1994, 64 Abb., 147 Seiten, ISBN 3-540-58222-3 88,– DM

77 **Raith, P.**
Programmierung und Simulation von Zellenabläufen in der Arbeitsvorbereitung
1995, 51 Abb., 130 Seiten, ISBN 3-540-58223-1 88,– DM

78 **Engel, A.**
Strömungstechnische Optimierung von Produktionssystemen durch Simulation
1994, 69 Abb., 160 Seiten, ISBN 3-540-58258-4 88,– DM

79 **Zäh, M. F.**
Dynamisches Prozeßmodell Kreissägen
1995, 95 Abb., 186 Seiten, ISBN 3-540-58624-5 88,– DM

80 **Zwanzer, N.**
Technologisches Prozeßmodell für die Kugelschleifbearbeitung
1995, 65 Abb., 150 Seiten, ISBN 3-540-58634-2 88,– DM

81 **Romanow, P.**
Konstruktionsbegleitende Kalkulation von Werkzeugmaschinen
1995, 66 Abb., 151 Seiten, ISBN 3-540-58771-3 88,– DM

82 **Kahlenberg, R.**
Integrierte Qualitätssicherung in flexiblen Fertigungszellen
1995, 71 Abb., 136 Seiten, ISBN 3-540-58772-1 88,– DM

83 **Huber, A.**
Arbeitsfolgenplannung mehrstufiger Prozesse in der Hartbearbeitung
1995, 87 Abb., 152 Seiten, ISBN 3-540-58773-X 88,– DM

84 **Birkel, G.**
Aufwandsminimierter Wissenserwerb für die Diagnose in flexiblen Produktionszellen
1995, 64 Abb., 137 Seiten, ISBN 3-540-58869-8 88,– DM

85 **Simon, D.**
Fertigungsregelung durch zielgrößenorientierte Planung und logistisches Störungsmanagment
1995, 77 Abb., 132 Seiten, ISBN 3-540-58942-2 88,– DM

86 **Nedeljkovic-Groha, V.**
Systematische Planung anwendungsspezifischer Materialflußsteuerungen
1995, 94 Abb., 188 Seiten, ISBN 3-540-58953-8 88,– DM

87 **Rockland, M.**
Flexibilisierung der automatischen Teilebereitstellung in Montageanlagen
1995, 83 Abb., 151 Seiten, ISBN 3-540-58999-6 88,– DM

88 **Linner, St.**
Konzept einer integrierten Produktentwicklung
1995, 67 Abb., 168 Seiten, ISBN 3-540-59016-1 88,– DM

89 **Eder, Th.**
Integrierte Planung von Informationssystemen für rechnergestützte Produktionssysteme
1995, 62 Abb., 150 Seiten, ISBN 3-540-59084-6 88,– DM

90 **Deutschle, U.**
Prozeßorientierte Organisation der Auftragsentwicklung in mittelständischen Unternehmen
1995, 80 Abb., !88 Seiten, ISBN 3-540-59337-3 88,– DM

91 **Dieterle, A.**
Recyclingintegrierte Produktentwicklung
1995, 68 Abb., 146 Seiten, ISBN 3-540-60120-1 88,– DM

92 **Hechl, Chr**
Personalorientierte Montageplanung für komplexe und variantenreiche Produkte
1995, 73 Abb., 158 Seiten, ISBN 3-540-60325-5 88,– DM

93 **Albertz, F.**
Dynamikgerechter Entwurf von Werkzeugmaschinen – Gestellstrukturen
1995, 83 Abb., 156 Seiten, ISBN 3-540-60606-8 88,– DM

94 **Trunzer, W.**
Strategien zur On-Line Bahnplanung bei Robotern mit 3D-Konturfolgesensoren
1996, 101 Abb., 164 Seiten, ISBN 3-540-60961-X 88,– DM

95 **Fichtmüller, N.**
Rationalisierung durch flexible, hybride Montagesysteme
1996, 83 Abb., 145 Seiten, ISBN 3-540-60960-1 88,– DM

96 **Trucks, V.**
Rechnergestützte Beurteilung von Getriebestrukturen in Werkzeugmaschinen
1996, 64 Abb., 141 Seiten, ISBN 3-540-60599-8 88,– DM

97 **Schäffer, G.**
Systematische Integration adaptiver Produktionssysteme
1996, 71 Abb., 170 Seiten, ISBN 3-540-60958-X 88,– DM

98 **Koch, M. R.**
Autonome Fertigungszellen – Gestaltung, Steuerung und integrierte Störungsbehandlung
1996, 67 Abb., 138 Seiten, ISBN 3-540-61104-5 88,– DM

99 **Moctezuma de la Barrera, J. L.**
Ein durchgängiges System zur computer- und roboterunterstützten Chirurgie
1996, 99Abb., 175 Seiten, ISBN 3-540-61145-2 88,– DM

100 **Geuer, A.**
Einsatzpotential des Rapid Prototyping in der Produktentwicklung
1996, 84 Abb., 154 Seiten, ISBN 3-540-61495-8 88,– DM

101 **Ebner, C**
Ganzheitliches Verfügbarkeits- und Qualitätsmanagement unter Verwendung von Felddaten
1996, 67 Abb., 132 Seiten, ISBN 3-540-61678-0 88,– DM

102 **Pischeltsrieder, K.**
Steuerung autonomer mobiler Roboter in der Produktion
1996, 74 A., 171 Seiten, ISBN 3-540-61714-0 88,– DM

103 **Köhler, R.**
Disposition und Materialbereitstellung bei komplexen variantenreichen Kleinserienprodukten
1997, 62 Abb., 177 Seiten, ISBN 3-540-62024-9 88,– DM

104 **Feldmann. Ch.**
Eine Methode für die integrierte rechnergestützte Montageplanung
1997, 71 Abb., 163 Seiten, ISBN 3-540-62059-1 88,– DM

105 Lehmann, H.
Integrierte Materialfluß- und Layoutplanung durch Kopplung von CAD- und Ablaufsimulationssystem
1997, 96 Abb., 191 Seiten, ISBN 3-540-62202-0 — 88,– DM

106 Wagner, M.
Steuerungsintegrierte Fehlerbehandlung für maschinennahe Abläufe
1997, 94 Abb., 164 Seiten, ISBN 3-540-62656-5 — 88,– DM

107 Lorenzen, J.
Simulationsgestützte Kostenanalyse in produktorientierten Fertigungsstrukturen
1997, 63 Abb., 129 Seiten, ISBN 3-540-62794-4 — 88,– DM

108 Krönert, U.
Systematik für die rechnergestützte Ähnlichteilsuche und Standardisierung
1997, 53 Abb., 127 Seiten, ISBN 3-540-63338-3 — 88,– DM

109 Pfersdorf, I.
Entwicklung eines systematischen Vorgehens zur Organisation des industriellen Service
1997, 74 Abb., 172 Seiten, ISBN 3-540-63615-3 — 88,– DM

110 Kuba, R.
Informations- und kommunikationstechnische Integration von Menschen in der Produktion
1997, 77 Abb., 155 Seiten, ISBN 3-540-63642-0 — 88,– DM

111 Kaiser, J.
Vernetztes Gestalten von Produkt und Produktionsprozeß mit Produktmodellen
1997, 67 Abb., 139 Seiten, ISBN 3-540-63999-3 — 88,– DM

112 Geyer, M.
Flexibles Planungssystem zur Berücksichtigung ergonomischer Aspekte bei der Produkt- und Arbeitssystemgestaltung
1997, 85 Abb., 154 Seiten, ISBN 3-540-64195-5 — 88.– DM

113 Martin, C.
Produktionsregelung – ein modularer, modellbasierter Ansatz
1998, 73 Abb., 162 Seiten, ISBN 3-540-64401-6 — 88,– DM

Die Bände sind im Erscheinungsjahr und in den folgenden drei Kalenderjahren zu beziehen durch den örtlichen Buchhandel oder durch
Lange & Springer, Otto-Suhr-Allee 26-28, 10585 Berlin

GPSR Compliance

The European Union's (EU) General Product Safety Regulation (GPSR) is a set of rules that requires consumer products to be safe and our obligations to ensure this.

If you have any concerns about our products, you can contact us on ProductSafety@springernature.com

In case Publisher is established outside the EU, the EU authorized representative is:

Springer Nature Customer Service Center GmbH
Europaplatz 3
69115 Heidelberg, Germany

Batch number: 10682427

Printed by Printforce, the Netherlands